高职高专土建类工学结合"十三五"规划教材

建筑构造与识图实训
（第二版）

主　　编　印宝权　　郑秋凤
副主编　陈晓瑜　　刘赛红　　鲁周静
参　　编　李思璐　　李纯刚　　张建波
主　　审　刘丘林　　王小艳

U0343142

华中科技大学出版社
中国·武汉

内 容 提 要

　　本书结合"建筑构造与识图"课程的特点和高等职业教育教学的需求,依据最新的国家标准和行业规范,由校企合作共同开发。

　　本书与印宝权、黎旦主编的《建筑构造与识图(第二版)》教材配套使用,为便于使用,本书的编排顺序与教材的任务编排顺序保持一致。

　　全书三个模块的每一个任务教学环节均安排了相应的习题集并提炼出了若干个实训任务,书的最后一部分为建筑施工图的综合识图实训——建筑施工图识读报告,读者可以根据自己的情况选择部分习题与实训任务进行练习。

图书在版编目(CIP)数据

建筑构造与识图实训/印宝权,郑秋凤主编. —2 版. —武汉:华中科技大学出版社,2018.7(2024.8 重印)
高职高专土建类工学结合"十三五"规划教材
ISBN 978-7-5680-4375-5

Ⅰ.①建…　Ⅱ.①印…　②郑…　Ⅲ.①建筑构造-高等职业教育-教学参考资料　②建筑制图-识别-高等职业教育-教学参考资料　Ⅳ.①TU2

中国版本图书馆 CIP 数据核字(2018)第 164242 号

建筑构造与识图实训(第二版)　　　　　　　　　　　　　印宝权　郑秋凤　主编
Jianzhu Gouzao yu Shitu Shixun(Di-er Ban)

策划编辑:金　紫
责任编辑:陈　骏
封面设计:原色设计
责任校对:刘　竣
责任监印:朱　玢
出版发行:华中科技大学出版社(中国·武汉)　　　电话:(027)81321913
　　　　　武汉市东湖新技术开发区华工科技园　　　邮编:430223
录　　排:华中科技大学惠友文印中心
印　　刷:武汉邮科印务有限公司
开　　本:787mm×1092mm　1/16
印　　张:6.5
字　　数:132 千字
版　　次:2024 年 8 月第 2 版第 9 次印刷
定　　价:24.80 元

前　言

　　《建筑构造与识图实训(第二版)》结合高等职业教育的特点编写,尽可能做到联系实际工程,在掌握制图基本知识的情况下突出学生动手能力的培养,本书与印宝权、黎旦主编的《建筑构造与识图(第二版)》教材配套使用。

　　书中内容的选取遵循本课程的教学规律,每一任务均收集了相应的经典习题来巩固所学知识,同时也提炼出了若干个具体的实训任务来锻炼学生的动手能力。最后以一套完整的住宅楼建筑施工图为实训任务,要求学生完成整套图纸的识读报告,从而达到培养学生综合识图能力的目标。

　　在内容的编排上,习题与实训任务都遵循由简单到复杂、由浅入深的原则,符合学生的认知规律。针对配套教材三个模块的内容(第一部分为建筑制图基础,第二部分为建筑构造,第三部分为建筑施工图识读),本书也以此知识点作为框架,按顺序分别提炼出相应部分的习题与实训任务,达到巩固理论知识与提高实际动手能力相结合。

　　本实训任务的完成分为两种形式:一是直接在习题集上完成,如选择题、填空题、判断题以及简单的作图题等;二是通过图纸、利用作图工具作图来完成,如建筑构造节点的设计、施工图的抄绘等。部分习题可通过移动端扫码做题并核对答案。

　　本书由刘丘林、王小艳任主审;印宝权、郑秋凤任主编;陈晓瑜、刘赛红、鲁周静任副主编;李思璐、李纯刚、张建波参与编写。全书由印宝权统稿审定。

　　本书在编写的过程中参考了相关标准、规范、图片、同类教材和习题集等文献,在此谨向文献的作者表示深深的谢意!

　　由于编者水平有限,书中的疏漏、不妥之处在所难免,敬请使用本书的教师和读者批评指正。

编　者

2018 年 4 月

目　　录

模块一　建筑制图基础

任务 1.1　制图的基本知识与技能

一、选择题

扫码做题

1. 图纸本身的大小规格称为图纸幅面，A2 的图纸幅面为（　　），单位 mm。

A. 841×1189 　　　　　　　 B. 594×841

C. 420×594 　　　　　　　　 D. 420×297

2. 施工图的图线不包括（　　）。

A. 实线　　　 B. 虚线　　　 C. 曲线　　　 D. 波浪线

3. 圆的中心线一般用（　　）表示。

A. 实线　　　 B. 虚线　　　 C. 单点画线　 D. 折断线

4. 标题栏的边框用（　　）绘制，分格线用（　　）绘制。

A. 粗实线　　　　　　　 B. 中实线　　　　　　　 C. 细实线

D. 单点画线　　　　　　 E. 双点画线

5. 在一图幅内，当确定粗线线宽为 1.4 mm 时，其细线的线宽应当是（　　）mm。

A. 1　　　 B. 0.7　　　 C. 0.5　　　 D. 0.35

6. 拉丁字母及数字的笔画宽度为字高的（　　）。

A. 6/10　　　 B. 3/10　　　 C. 1/10　　　 D. 1/20

7. 在下列绘图比例中，比例放大的是（　　）；比例缩小的是（　　）；比例为原图样大小的是（　　）。

A. 1∶2　　　 B. 3∶1　　　 C. 1∶1　　　 D. 0∶1

8. 高度为 30 m 的建筑，按照 1∶100 的比例作立面图，图纸上应标注的高度尺寸为（　　）。

A. 30　　　 B. 300　　　 C. 3000　　　 D. 30000

9. 面积为 4 cm² 的正方形，按照 1∶2 的比例画出的图形的面积为（　　）cm²。

A. 1　　　 B. 2　　　 C. 3　　　 D. 4

10. 下列不是尺寸标注的组成部分的是（　　）。

A. 尺寸线　　　　　　　 B. 尺寸间距线

C. 尺寸界线　　　　　　　　　　　　D. 尺寸数字

11. 建筑工程图的尺寸标注中,以下以米为单位的是(　　　)。

A. 平面图　　　B. 立面图　　　C. 剖面图　　　D. 总平面图

12. 以下说法正确的有(　　　)。

A. 大于 1/2 圆的圆弧标注直径　　　　　B. 小于 1/2 圆的圆弧标注半径

C. 等于 1/2 圆的圆弧标注直径或半径　　D. 等于 1/2 圆的圆弧标注直径

E. 球体直径用 $S\phi$ 表示

二、填空题

1. 建筑工程图纸的幅面规格共有_____种。

2. 线型有_____、_____、_____、_____、_____、_____六种。

3. 点画线与点画线或点画线与其他图线交接时,应是_____交接;虚线与虚线交接或虚线与其他图线交接时,应是_____交接。

4. 水平方向的尺寸,尺寸数字要从左到右写在尺寸线的上面,字头_____;竖直方向的尺寸,尺寸数字要从下到上写在尺寸线的左侧,字头_____。

5. 通常书写汉字时,字高应不小于 3.5 mm,长方形字体的字宽约为字高的_____。

6. 绘图所用的铅笔以铅芯的软硬程度划分,铅笔上标注的"H"表示_____,"B"表示_____,"HB"表示_____。

7. 无论用何种比例画出的同一扇门,所标的尺寸均为_____。

8. 图样的尺寸是由_____、_____、_____、_____四个部分组成。

9. 尺寸起止符号一般用_____绘制,其倾斜方向应与尺寸界线成_____,长度宜为_____。

10. 圆及大于 1/2 圆的圆弧应在尺寸数字前加注_____;小于等于 1/2 圆的圆弧应在尺寸数字前加注_____;球体的半径、直径尺寸数字前应加注字母_____。

11. 轮廓线、中心线可用作_____,但不能用作_____。不能用尺寸界线作为_____。

12. 建筑工程图上的尺寸单位,除总平面图和标高以_____为单位外,均以_____为单位。

三、判断题

1. 图样本身的任何图线均不得用作尺寸线。　　　　　　　　　　　　　　　(　　)

2. 图样上的尺寸,可以从图上直接量取。　　　　　　　　　　　　　　　　(　　)

3. 图样所注写的尺寸数字与绘图所选用的比例及作图准确性无关。　　　　　(　　)

4. 特殊情况下,图样本身的图线均不得用作尺寸界线。　　　　　　　　　　(　　)

5. 单点画线或双点画线在较小图形中绘制有困难时,可用虚线代替。　　　　(　　)

6. 单点画线或双点画线的两端部,应是点不是线段。　　　　　　　　　　　(　　)

7. 绘图铅笔上标注的"B"前面的数字越大,表示铅芯越硬;"H"前面的数字越大,表示铅芯越软。　　　　　　　　　　　　　　　　　　　　　　　　　（　　）

8. 用铅笔加深图线时,必须是先曲线,其次直线,最后为斜线。各类线型的加深顺序是:中心线、粗实线、虚线、细实线。　　　　　　　　　　　　　　　　（　　）

四、简答题

1. 简述图纸幅面之间的关系。

2. 简述国标中图线画法应注意的问题。

3. 常用的绘图工具有哪些? 应如何使用?

4. 绘制图样的一般步骤是什么?

实训任务

1. 按国标的相关规定对下面的建筑平面图进行尺寸标注。

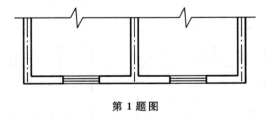

第 1 题图

2.线型练习,按国标的相关规定抄绘下列图线、图案及材料图例。要求采用 A3 图纸按比例绘制图样,按标准区分开线型及线宽。

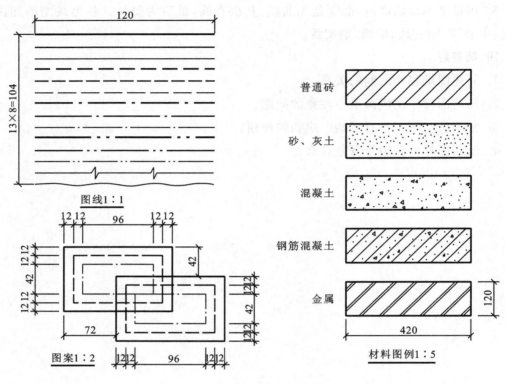

第 2 题图

3.请检查左图中尺寸标注的错误之处,并在右图中重新标注。

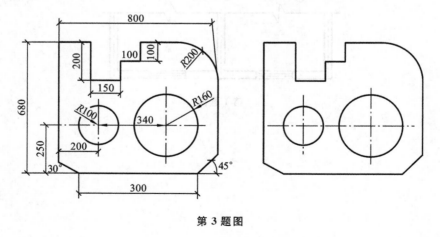

第 3 题图

4. 字体练习,参照给出的汉字、字母,按国标规定书写长仿宋体字。

0123456789 *ABCDEFGHIJKLMNOPQRS*

abcdefghijklmnopqrstuvwxyz

长 仿 宋 体 比 例 尺 寸 平 面 剖 立 图 结 构

混 凝 土 材 料 钢 筋 轴 线 墙 体 基 础 梁 柱

第 4 题图

任务1.2 掌握投影的基本知识

一、选择题

扫码做题

1. 工程中常用的四种投影是多面正投影、轴测投影、透视投影和标高投影,其中标高投影属于(   )。

   A. 中心投影　　B. 斜投影　　　C. 多面投影　　D. 平行投影

2. 由前向后投影,在 V 面上所得的投影图称为(   )。

   A. 水平投影图　　　　　　　　　B. 正立面投影图

   C. 侧立面投影图　　　　　　　　D. 后立面投影图

3. 在三投影面体系中,正立投影面(V 面)反映物体的(   )。

   A. 前后、左右关系　　　　　　　B. 上下、左右关系

   C. 前后、上下关系　　　　　　　D. 空间高度关系

4. 直线、平面、柱面垂直于投影面,则投影分别积聚为点、直线、曲线,是正投影法的基本性质中的(   )。

   A. 类似性　　B. 积聚性　　C. 从属性　　D. 实形性

5. 直线平行于投影面,其投影反映直线的实长;平面图形平行于投影面,其投影反映平面图形的实形,这是正投影法的基本性质中的(   )。

   A. 类似性　　B. 平行性　　C. 从属性　　D. 实形性

6. 以下投影法作图对应的图形不正确的是(   )。

   A. 中心投影——透视图　　　　　B. 中心投影——轴测图

   C. 正投影——平面图　　　　　　D. 正投影——立面图

7. (   )的投影特性是:(1)正面投影积聚成直线;(2)水平投影和侧面投影为平面的类似形。

   A. 正垂面　　B. 水平面　　C. 铅垂面　　D. 侧垂面

8. (   )的投影特性是:(1)水平投影积聚成直线;(2)正面投影和侧面投影为平面的类似形。

   A. 正平面　　B. 铅垂面　　C. 正垂面　　D. 侧垂面

9. (   )的投影特性是:(1)正面投影反映实形;(2)水平投影积聚成直线,且平行于 Ox 轴;(3)侧面投影积聚成直线,且平行于 Oz 轴。

   A. 铅垂面　　B. 正平面　　C. 水平面　　D. 侧垂面

10. (   )的投影特性是:(1)水平投影反映实形;(2)正面投影积聚成直线,且平行于 Ox 轴;(3)侧面投影积聚成直线,且平行于 Oy_w 轴。

   A. 正平面　　B. 水平面　　C. 侧垂面　　D. 正垂面

11. 直角三角形在( )情况下,其投影仍为直角三角形。

A. 倾斜于投影面　　　　　　　　　　　　B. 有一条直角边平行于投影面

C. 平行于投影面　　　　　　　　　　　　D. 垂直于投影面

12. 圆柱的三面投影中,( )为矩形。

A. 有一面投影　　　　　　　　　　　　　B. 有两面投影

C. 有三面投影　　　　　　　　　　　　　D. 都不可能

13. 圆锥体的三面投影中,( )为三角形。

A. 有一面投影　　　　　　　　　　　　　B. 有两面投影

C. 有三面投影　　　　　　　　　　　　　D. 都不可能

14. 正三棱柱的三面投影中,( )为三角形。

A. 只能有一面投影　　　　　　　　　　　B. 可能有两面投影

C. 可能有三面投影　　　　　　　　　　　D. 都不可能

15. 水平线的( )投影反映实长。

A. 水平　　　B. 立面　　　C. 侧面　　　D. 铅垂

16. 有点 $A(10,15,18)$,则该点与 V 面的距离为( )。

A. 10　　　B. 15　　　C. 18　　　D. 0

17. 投影面平行线的投影体现出( )。

A. 类似性　　B. 平行性　　C. 从属性　　D. 定比性　　E. 实形性

18. 投影面垂直面为仅垂直于一个投影面的平面。投影面属于垂直面的有( )。

A. 正垂面　　B. 正平面　　C. 铅垂面　　D. 水平面　　E. 侧垂面

19. 投影面垂直线的投影体现出( )。

A. 类似性　　B. 实形性　　C. 从属性　　D. 定比性　　E. 积聚性

20. 投影面平行面为平行于投影面的平面(同时垂直于另两面)。投影面属于平行面的有( )。

A. 正垂面　　B. 正平面　　C. 铅垂面　　D. 水平面　　E. 侧平面

21. 房屋建筑的各种视图主要是采用( )绘制的。

A. 正投影法　　　　　　　　　　　　　　B. 平行投影法

C. 斜投影法　　　　　　　　　　　　　　D. 标高投影法

22. 形体的三面投影图中,侧面投影能显示的尺寸是( )。

A. 长和宽　　B. 长和高　　C. 高和宽　　D. 长、宽、高

23. 在三面投影体系中 H 面的展开方向是( )。

A. H 面永不动　　　　　　　　　　　　B. H 面绕 Oy 轴向右转 $90°$

C. H 面绕 Ox 轴向下转 $90°$　　　　　D. H 面绕 Oz 轴向右转 $90°$

二、填空题

1. 平行投影的基本性质有_____、_____、_____。

2. 三面投影体系中投影的基本规律为_____、_____、_____。

3. 当空间的两点位于同一条投射线上时,它们在该投射线所垂直的投影面上的投影重合为一点,称这样的两点为对该投影面的_____。

4. 直线在三面投影体系中的位置,可分为_____、_____、_____。

5. 平面在三面投影体系中的位置,可分为_____、_____、_____。

6. 点的水平投影到 Ox 轴的距离等于空间点到_____面的距离;点的正面投影到 Ox 轴的距离等于空间点到_____面的距离;点的正面投影到 Oz 轴的距离与点的水平投影到 Oy 轴的距离,都等于空间点到_____面的距离。

7. 已知直线 AB 和点 E、点 F 的投影图,可以判断 E 点_____直线 AB 上,F 点_____直线 AB 上。

8. 已知直线 EF 和点 K 的投影图,可以判断 K 点_____直线 EF 上。(7、8 两题填"在"或"不在")

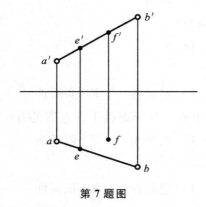

第 7 题图

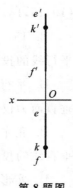

第 8 题图

三、判断题

1. 用互相平行的投影线对形体作投影图的方法称为平行投影法。 ( )

2. 三面投影图中,水平投影和侧面投影的长相等。 ( )

3. 斜投影图是工程中应用最广泛的投影图。 ( )

4. 平行投影的基本性质是"长对正、高平齐、宽相等"。 ( )

四、简答题

1. 三面投影体系中投影面、投影轴的名称是什么?

2. 三面投影体系是如何展开的?

3. 三个投影面分别反映出形体的哪几个方位?

4. 如何根据形体的直观图绘制其三面投影图?

实训任务

根据三面投影的规律完成如下点、线、面及基本体的三面投影。

1. 已知点的两面投影,求第三面投影,并判断(2)图中点对投影面的相对位置。

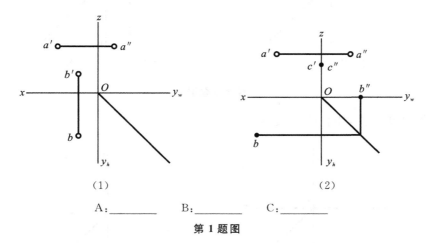

（1）　　　　　　　　　　　　（2）

A:_____　　　B:_____　　　C:_____

第 1 题图

2. 在形体的三视图中注明 A、B、C、D、E 各点的位置,并判别各点的可见性。

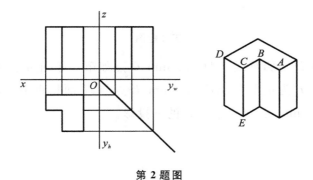

第 2 题图

3. 已知直线的两个投影,试绘出第三个投影,并判别其空间位置。

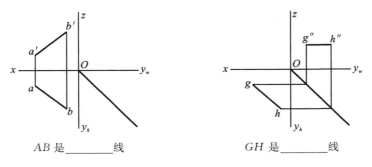

AB 是_____线　　　　　　　　　　GH 是_____线

第 3 题图

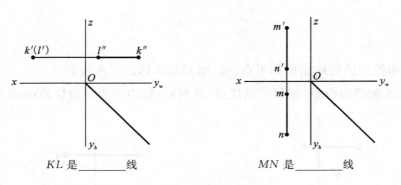

KL 是_____线   MN 是_____线

续第 3 题图

4. 根据已知条件,作直线的投影。

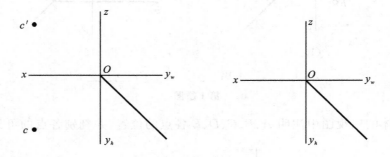

第 4 题图

(1)已知线段 CD 为铅垂线,CD＝25 mm,C 点如第 4 题图所示,作 CD 的三投影。

(2)已知线段 EF 为正平线,EF＝20 mm,E 点与 H 面相距 10 mm,与 V 面相距 10 mm,与 W 面相距 20 mm,α＝45°,作 EF 的三投影。

5. 作出下列各平面的第三面投影。

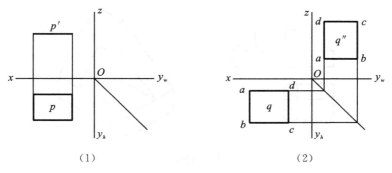

（1）   （2）

第 5 题图

6. 已知平面的两个投影,试绘出第三个投影,并判别其空间位置。

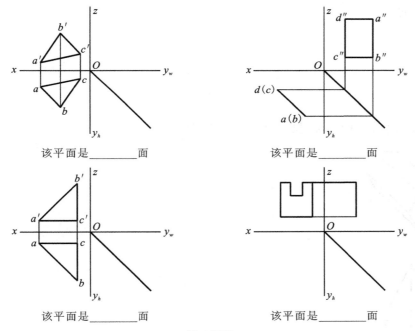

该平面是_____面   该平面是_____面

该平面是_____面   该平面是_____面

第 6 题图

7. 请标出立体图上指定平面的三面投影,并判别其空间位置。

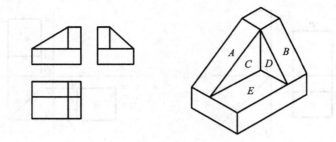

第 7 题图

注:图中 A,B,C,D,E 是面。

8. 已知正方形 $ABCD$ 为铅垂面,$AB=20$ mm,$A(20,0,20)$,$\alpha=30°$,求作正方形 $ABCD$ 的三投影。

9. 作出棱柱体、棱锥体、圆柱体的三面投影。

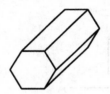

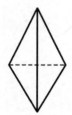

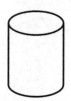

第 9 题图

10. 画出长方体的三面投影,并标注尺寸。已知该长方体的长、宽、高分别为 50 mm、30 mm、15 mm,请按 1∶1 绘制。

11. 已知正四棱锥体底面边长为 15 mm,高 20 mm,底面与 H 面平行,距离为 3 mm,且有一底边与 V 面成 30°角,试作出该四棱锥的三面投影。

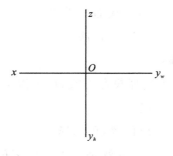

第 11 题图

任务 1.3   绘制组合体投影

一、填空题

1. 组合体的类型有 _____、_____、_____三种,其投影规律的"三等关系"是_____、_____、_____。

2. 组合体尺寸由_____、_____、_____三部分组成。

3. 识读组合体投影图的方法有(　　　)。

A. 形体分析法 　　　　B. 线面分析法 　　　　C. 解析法

D. 坐标法 　　　　　　E. 剖切法

4. 作组合体三视图的步骤:

(1)进行_____分析;(2)选择投影方案;(3)拟草图;(4)_____尺寸;(5)硬笔先打_____;(6)检查加深完成。

5. 选择投影方案时先确定安放位置,再选择_____方向,最后明确投影图数量。

6. 估测时第一步先找_____,也就是出现得较多的小长度,最好是垂直在一起,甚至是立方块,但不一定是最小长度,其数据定为 10,另有小长度时可定为 20 或 30。

7. 组合体识图的主要方法是_____,辅助方法是_____。

8. 根据立体的 V、H 面投影,分别选择正确的 W 面投影_____。

*V*面投影	(A)	(B)
*H*面投影	(C)	(D)

*V*面投影	(A)	(B)
*H*面投影	(C)	(D)

二、选择题

根据物体的轴测投影图找到相对应的三面正投影图,并填在三面正投影图下面的括号里。

(a)

(b)

(c)

(d)

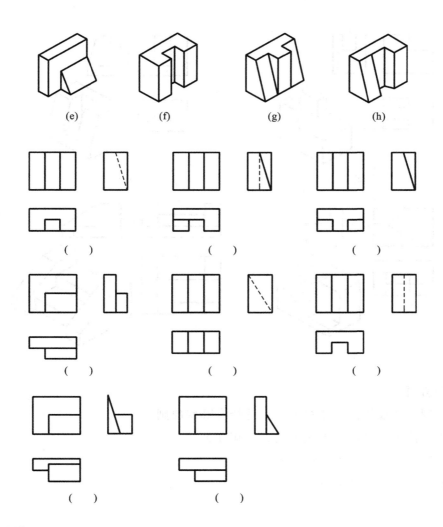

三、改错题

请找出轴测图所对应的三面投影的错误之处并改正。

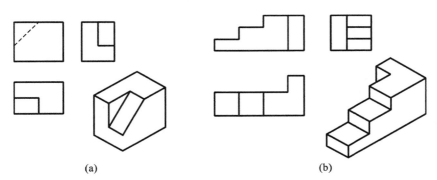

(a)   (b)

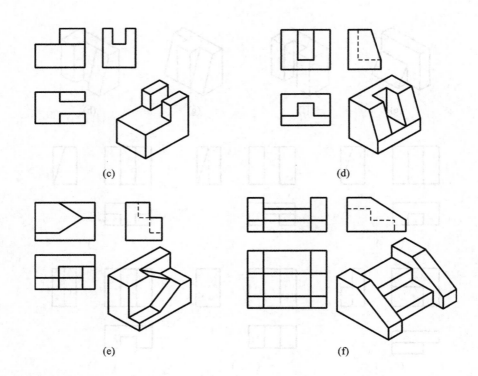

(c)　　　　　　　　　　　(d)

(e)　　　　　　　　　　　(f)

四、简答题

1. 绘制三面投影图时主视方向的选择有哪些原则?

2. 组合体组合处的图形表面关系有哪几种?

3. 怎样绘制组合体的投影图?

4. 怎样识读组合体的投影图?

实训任务

　　1. 根据轴测图,补绘第三面投影图。

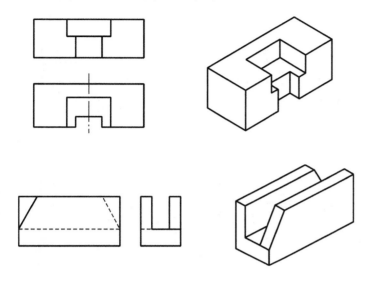

第 1 题图

　　2. 根据立体图,补齐投影图所缺的图线,并补绘第三面投影。

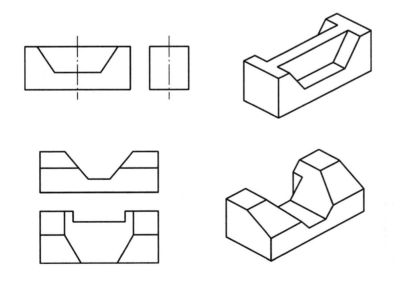

第 2 题图

3. 运用三面投影的规律绘制下列组合体的投影图。

（1）

（2）

（3）

（4）

（5）

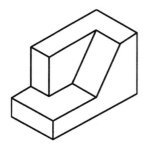

（6）

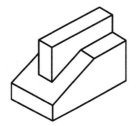

（7）

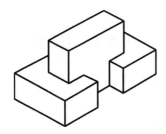

（8）

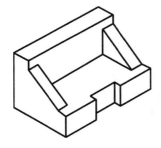

（9）

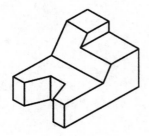

（10）

第 3 题图

4. 已知组合体的两面投影,想象出组合体的形态特征,并补绘其第三面投影。

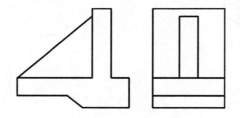

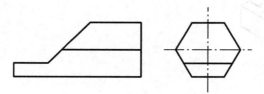

第 4 题图

5. 根据立体图模型,按 1∶3 比例在 A4 纸上画出组合体的三视图,并标注尺寸。

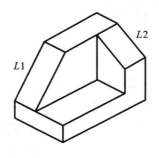

第 5 题图

已知:组合体总尺寸(长、宽、高)分别为 135、90、105,组成组合体的底板厚度为 25,另外两块板的厚度均为 30,斜边 $L1$ 长度为 100,斜边 $L2$ 的投影高度为 45。

要求:按制图规范绘制图框和标题栏。

6. 根据给定的形体相关视图,补绘其 1-1 剖面图。

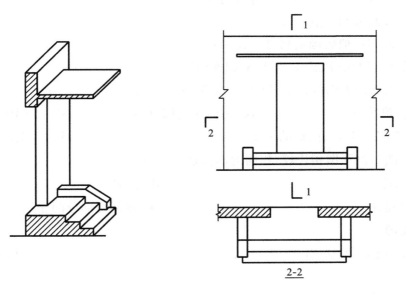

第 6 题图

任务 1.4　剖面图与断面图

一、选择题

1. 如果形体是对称的,画图时常把形体的投影图以对称轴为界,一半画剖面图,一半画外形图,这种剖面图为(　　)。

A. 对称剖面图　　　　　　　　　　B. 阶梯剖面图

C. 部分剖面图　　　　　　　　　　D. 半剖面图

扫码做题

2. 用两个互相平行的剖切面将形体剖开,得到的剖面图叫做(　　)。

A. 半剖面图　　　　　　　　　　　B. 分层剖面图

C. 展开剖面图　　　　　　　　　　D. 阶梯剖面图

3. 关于半剖面图的说法,以下不正确的是(　　)。

A. 半剖面图和半外形图以对称线为界

B. 对称线画成细双点画线

C. 半剖面图一般要画剖切符号和编号

D. 半剖面图的图名形式为"*X-X* 剖面图"

4. 关于局部剖面图的说法,以下正确的是(　　)。

A. 用波浪线分界　　　　B. 不标注剖切符号　　　　C. 不标注编号

D. 剖切范围超过该图形的 1/2　　　　E. 以上均不正确

5. 断面图与剖面图相比较,相同的部分是(　　)。

A. 剖切符号　　　　　　　　　　　B. 图名

C. 表达范围　　　　　　　　　　　D. 被剖切部分的表达

二、填空题

1. 剖面图的种类有 _____、_____、_____、_____、局部剖面图、_____。

2. 剖切符号由_____和_____组成,均以_____绘制。

3. 局部剖面图部分用_____分界,不标注_____和_____;局部剖面图的范围不超过该投影图的_____。

4. 断面图的种类有_____、_____、_____三种。其与剖面图的不同之处是

_____

_____

_____

三、简答题

1. 当剖面或断面尺寸较小,绘图时如何处理?

2. 绘制半剖面图应注意哪些问题？

3. 绘制阶梯剖面图应注意哪些问题？

4. 常用的断面图有哪几种？

实训任务

1. 已知形体的平面图与侧立面图，作出形体的 1-1 剖面图。

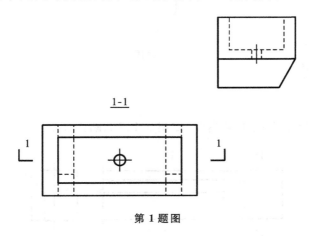

第 1 题图

2. 试作某学院大门建筑模型的 1-1 剖面图，材料为钢筋混凝土。

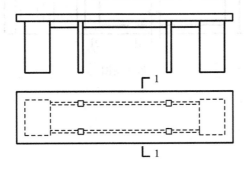

第 2 题图

3. 根据给定的房屋建筑模型,作出 2-2、3-3 剖面图。

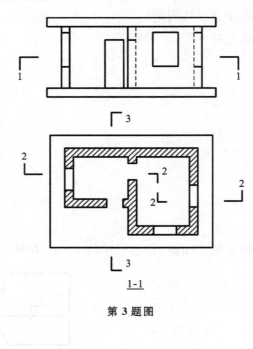

第 3 题图

4. 根据给定的钢筋混凝土梁模型,作出 1-1、2-2 断面图。

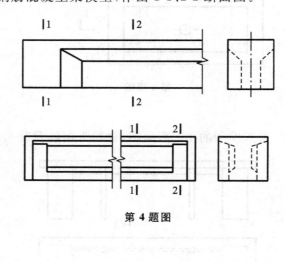

第 4 题图

5. 如下图为墙面装饰的立面图与 1-1 剖面图,试用重合断面法将 1-1 剖面图中的墙面装饰画在正立面图上。

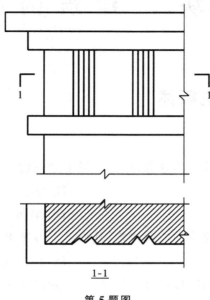

1-1

第 5 题图

模块二　建筑构造

任务 2.1　民用建筑概述

一、选择题

1. 建筑是建筑物和构筑物的总称,(　　)属于建筑物。

A. 住宅、堤坝等　　　　　　　　　　B. 学校、电视塔等

C. 厂房、展览馆等　　　　　　　　　D. 烟囱、办公楼等

2. 民用建筑包括居住建筑和公共建筑,其中(　　)属于居住建筑。

A. 托儿所　　　B. 宾馆　　　C. 公寓　　　D. 疗养院

3. 建筑按主要承重结构的材料分,以下(　　)分类方式不属于这种分类方法。

A. 砖混结构　　　　　　　　　　　　B. 钢筋混凝土结构

C. 框架结构　　　　　　　　　　　　D. 钢结构

4. (　　)为多层住宅。

A. 1~3 层　　　　　　　　　　　　B. 4~6 层

C. 7~9 层　　　　　　　　　　　　D. 10 层及以上

5. 建筑的耐火等级分为(　　)。

A. 2 级　　　B. 3 级　　　C. 4 级　　　D. 5 级

6. 建筑材料的耐火极限是指对任一建筑构件按时间-温度标准曲线进行耐火实验,从开始受到火的作用时起,到(　　)时止的这段时间,用小时表示。

A. 失去支持能力

B. 失去支持能力或完整性破坏

C. 完整性破坏或失去隔火作用

D. 失去支持力、完整性破坏或失去隔火作用

7. 判断建筑构件是否达到耐火极限的具体条件有(　　)。

①构件是否失去支持能力　②构件是否被破坏　③构件是否失去完整性

④构件是否失去隔火作用　⑤构件是否燃烧

A. ①、③、④　B. ②、③、⑤　C. ③、④、⑤　D. ②、③、④

8. 建筑物主要承重构件按照燃烧性能分为(　　)。

A. 难燃烧体　B. 易燃体　　C. 非燃烧体　D. 燃烧体

9. 耐久等级为二级的建筑物的耐久年限为（　　）年,适用于一般建筑。

A. 50～100 　　　　　　　　　　B. 80～150

C. 25～50 　　　　　　　　　　　D. 15～25

10. 建筑变形缝按其使用性质分为（　　）几类。

A. 施工缝　　B. 伸缩缝　　C. 防震缝　　D. 沉降缝　　E. 分隔缝

11. 伸缩缝是预防（　　）对建筑物的不利影响而设置的。

A. 温度变化 　　　　　　　　　B. 地基不均匀沉降

C. 地震 　　　　　　　　　　　D. 外部振动

12. 温度缝又称伸缩缝,是将建筑物（　　）断开。

①地基基础　②墙体　③楼板　④楼梯　⑤屋顶

A. ①、②、③　　B. ①、③、⑤　　C. ②、③、④　　D. ②、③、⑤

13. 在地震设防区设置伸缩缝时,必须满足（　　）设置的要求。

A. 防震缝　　B. 沉降缝　　C. 分隔缝　　D. 伸缩缝

14. 建筑物可能产生不均匀沉降的部位或地基基础变形敏感处,应设置（　　）。

A. 沉降缝　　B. 伸缩缝　　C. 防震缝　　D. 分仓缝

15. 以下（　　）必须沿建筑的屋顶至基础底面全高设置。

A. 施工缝　　B. 伸缩缝　　C. 防震缝　　D. 沉降缝

16. 防震缝的宽度一般应该是（　　）mm。

A. 20～30　　B. 30～70　　C. 50～70　　D. 30～150

17. 砖混结构建筑平面开间进深尺寸常用（　　）的模数。

A. 1M　　B. 10M　　C. 3M　　D. 30M

18. 某民用建筑开间尺寸有3.1 m、4.2 m、5.2 m、2.8 m,其中（　　）属于标准尺寸。

A. 3.1 m　　B. 5.2 m　　C. 4.2 m　　D. 2.8 m

19. 对于中小型的不太复杂的工程,建筑设计一般（　　）阶段。

A. 可越过初步设计 　　　　　　B. 可越过技术设计

C. 可越过施工图设计 　　　　　D. 不能越过任何设计

二、填空题

1. 建筑物按使用性质划分为_____、_____、_____。民用建筑又分为_____和_____。

2. 高层建筑是指建筑高度在_____ m以上的建筑,高度超过_____ m时,为超高层建筑。

3. 普通建筑物的耐火等级分为_____级,高层建筑的耐火等级分为_____、_____两级。

4. 民用建筑按耐久年限分为_____级,其中_____级的使用年限为 100 年以上;按耐火等级分为_____级,其中_____级最高。

5. 模数数列指以_____、_____、_____扩展成的一系列尺寸。

6.《建筑模数协调标准》(GB/T 50002—2013)中规定建筑中采用的模数有基本模数、_____和_____,采用_____ mm 作为基本模数值,其符号为_____,即_____。

7. 建筑物的设计包括三方面的内容,即_____、_____和_____。

8. 建筑设计可分为_____、_____和_____三阶段。

三、名词解释

1. 建筑物

2. 构筑物

3. 耐火极限

4. 标志尺寸

5. 变形缝

四、简答题

1. 建筑物的耐久等级分别适用于什么建筑?

2. 变形缝的作用是什么? 房屋的变形缝分为哪几类? 防震缝应该设置在什么部位?

3. 墙体伸缩缝的形式有哪几种? 各有什么特点? 伸缩缝、沉降缝的宽度一般是多少?

4. 什么是定位轴线? 它与构件尺寸有何关系?

实训任务

以下为一民用建筑的形体图,试标注出该建筑各部位的名称,填入图中的方框内。

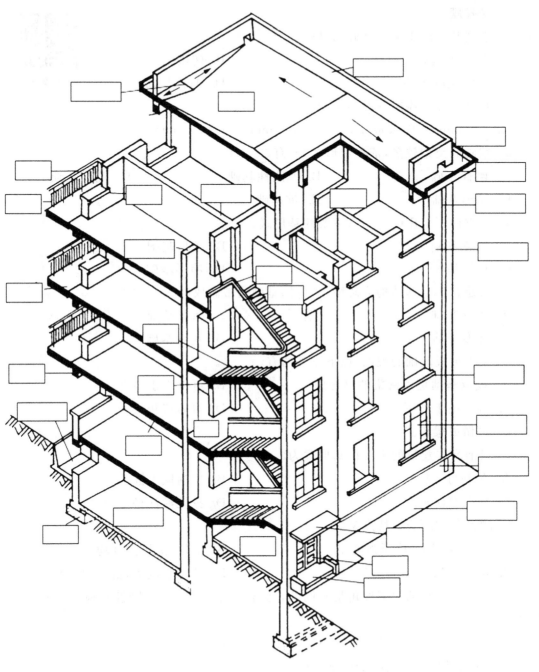

建筑形体图

任务 2.2 基础与地下室

一、选择题

扫码做题

1. 下列基础属于柔性基础的是(　　)。

A. 混凝土基础　　　　　　　　　　　B. 砖基础

C. 钢筋混凝土基础　　　　　　　　　D. 毛石基础

2. 基础的埋置深度一般不小于(　　)。

A. 300 mm　　B. 400 mm　　C. 500 mm　　D. 600 mm

3. 基础的类型较多,依构造形式分,有(　　)。

A. 刚性基础　　　　　　B. 非刚性基础　　　　　　　C. 筏形基础

D. 箱形基础　　　　　　E. 桩基础

4. 承重柱下采用(　　)为主要柱基形式。

A. 独立基础　　　　　　　　　　　　B. 条形基础

C. 片筏基础　　　　　　　　　　　　D. 箱形基础

5. 当建筑物上部结构为砖墙承重时,基础通常做成(　　)。

A. 独立基础　　　　　　　　　　　　B. 条形基础

C. 杯形基础　　　　　　　　　　　　D. 片筏基础

6. 关于筏板基础的说法,以下正确的有(　　)。

A. 筏板基础是由密集的梁构成　　　　B. 可以用于墙下

C. 可以用于柱下　　　　　　　　　　D. 可做成板式

E. 可做成梁板式

7. 目前高层建筑的主要桩基形式为(　　)。

A. 预制打入桩　　　　　　　　　　　B. 预制振入桩

C. 钻孔灌注桩　　　　　　　　　　　D. 挖孔灌注桩

8. 刚性基础的受力特点是(　　)。

A. 抗拉强度大、抗压强度小　　　　　B. 抗拉、抗压强度均大

C. 抗剪切强度大　　　　　　　　　　D. 抗压强度大、抗拉强度小

9. 不同材料基础的刚性角是不同的,通常素混凝土基础的刚性角应控制在(　　)以内。

A. 45°　　　　　B. 36°　　　　　C. 30°　　　　　D. 25°

10. 影响基础类型选择的因素是(　　)。

A. 上部结构形式　　　　B. 冻土深度　　　　　　　C. 土质好坏

D. 荷载大小　　　　　　E. 地下水位高低

11. 钢筋混凝土独立基础的钢筋配置在基础的（　　）。

    A. 上部　　　B. 中部　　　C. 下部　　　D. 以上均可

12. 为保护基础钢筋不受锈蚀,当有垫层时,保护层厚度不应小于（　　）mm。

    A. 70　　　B. 40　　　C. 30　　　D. 35

13. 为了避免影响开门及满足防潮要求,基础梁的顶面标高至少应低于室内地坪标高（　　）。

    A. 60 mm　　B. 50 mm　　C. 100 mm　　D. 120 mm

14. 地下室构造设计的重点是解决（　　）。

    A. 隔音防噪　　　　　　　　B. 自然通风

    C. 天然采光　　　　　　　　D. 防潮防水

15. 当地下水位很高,基础不能埋在地下水位以上时,应将基础底面埋置在（　　）以下,从而减少和避免地下水的浮力影响。

    A. 最高水位 200 mm　　　　　　B. 最低水位 200 mm

    C. 最高水位 500 mm　　　　　　D. 最低水位 500 mm

16. 当地下水的最高水位低于地下室地坪（　　）时,只需做防潮处理。

    A. 100～200 mm　　　　　　　B. 200～400 mm

    C. 150～300 mm　　　　　　　D. 300～500 mm

17. 地下室的外包卷材防水构造中,墙身处卷材须从底板包上来,并在最高设计水位（　　）处收头。

    A. 以下 50 mm　　　　　　　B. 以上 50 mm

    C. 以下 500～1000 mm　　　　D. 以上 500～1000 mm

18. 地下室防水卷材封口方法有（　　）和木砖封口两种。

    A. 水泥封口　B. 石材封口　C. 粘贴封口　D. 自封口

19. 当设计最高地下水位高于地下室底板时,地下室防水的薄弱环节是（　　）。

    A. 底板　　　B. 侧板　　　C. 变形缝　　　D. 阴阳墙角

20. 地下室为构件自防水时,加防水剂的防水混凝土外墙、底板厚度均不宜太薄。一般墙厚应为（　　）,底板为（　　）以上。

    A. 300 mm;250 mm　　　　　　B. 200 mm;150 mm

    C. 100 mm;250 mm　　　　　　D. 75 mm;100 mm

二、填空题

1. 地基分为_____和_____两大类。

2. 人工加固地基的方式通常有_____、_____、_____和_____四种。

3. 基础埋置深度是指_____到基础底面的距离,当埋深_____时,称为深基础,_____时,称为浅基础。

4. 基础根据所用材料的不同,可分为刚性基础和_____。

5. 用砖石、混凝土等材料建造的基础称为_____基础。

6. 砖基础的形式有_____、_____,其中每一级的退台宽度是_____。

7. 钢筋混凝土基础通常要在基础底下做混凝土垫层,其厚度为_____ mm,垫层的作用是为了使基底传递荷载均匀以及_____。

8. 地下室由_____、_____、_____、_____、_____五部分组成。

9. 地下室施工缝处的防水处理一般采用_____水平方向拉通。

10. 地下室的墙体采用砖墙时,厚度不宜小于_____;采用混凝土或钢筋混凝土墙时,厚度不宜小于_____。

三、判断题

1. 凡天然土层本身具有足够的强度,能直接承受建筑物荷载的地基被称为天然地基。 ( )

2. 埋置深度大于 4 m 的称为深基础;埋置深度小于 4 m 的称为浅基础;基础直接做在地表面上的称为不埋基础。 ( )

3. 地下室防水按所用材料分为卷材防水、砂浆防水和涂料防水。 ( )

4. 砂浆防水构造适用于混凝土或砌体结构的基层上。不适用于环境有侵蚀性、持续振动或湿度高于 80% 的地下工程。 ( )

四、名词解释

1. 人工地基

2. 半地下室

3. 基础埋置深度

五、简答题

1. 简述地基和基础的关系。

2. 影响基础埋置深度的因素有哪五种?

3. 基础按构造形式分为哪几种类型?各适用于哪类建筑?

4. 地下室在什么情况下需要防潮?什么情况下需要防水?

实训任务

1. 如下图为一基础剖面图,已知该基础的埋深为 800 mm,室内地坪的标高为±0.000 m,试在图中标示出基础埋深与室内地坪的标高,并标示出图示基础墙体中的构造名称。

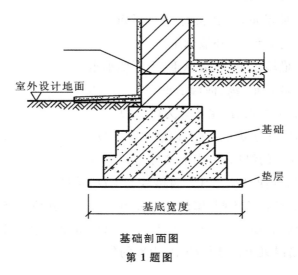

基础剖面图
第 1 题图

2. 如下图为一地下室的防水构造,试标明地下室钢筋混凝土结构自防水构造名称。

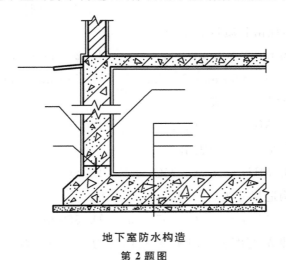

地下室防水构造
第 2 题图

3. 用 A4 图纸绘制一地下室防潮构造图。

已知地下室墙体为 240 厚的砖墙,外墙防潮做法:自里向外构造层次为密实水泥砂浆、冷底子油一道、热沥青两道。地下室底板做法:自下而上构造层次为素土压实,C10素混凝土 150 厚,1∶3 水泥砂浆 15 厚,刷冷底子油一道,SBS 卷材防潮层,C15 细石混凝土 50 厚,1∶2.5 水泥砂浆 20 厚。地下室层高为 3.2 m。

任务 2.3　墙体

一、选择题

扫码做题

1. 墙承重结构布置方案可分为(　　)。

A. 横墙承重,纵墙承重,内墙承重,外墙承重

B. 半框架承重,内墙承重,外墙承重

C. 纵横墙承重,横墙承重,纵墙承重,半框架承重

D. 内墙承重,外墙承重,纵、横墙承重

2. 从结构受力的情况来看,墙体分为(　　)。

A. 承重墙　　B. 非承重墙　　C. 内墙　　　D. 外墙　　　　E. 混凝土墙

3. 位于建筑物外部的纵墙,习惯上又称为(　　)。

A. 山墙　　　　B. 窗间墙　　　C. 封檐墙　　　D. 檐墙

4. 根据墙体建造材料的不同,墙体还可分为(　　)和其他用轻质材料制作的墙体。

A. 砖墙　　　　B. 石墙　　　　C. 土墙　　　　D. 混凝土墙　　E. 内墙

5. 最常见的钢筋混凝土框架结构中,内墙的作用为(　　)。

A. 分隔空间　　　　　　　　　　　　　B. 承重

C. 围护　　　　　　　　　　　　　　　D. 分隔、围护和承重

6. 普通黏土砖的规格和质量分别为(　　)。

A. 240 mm×120 mm×60 mm,1 kg　　　B. 240 mm×110 mm×55 mm,2 kg

C. 240 mm×115 mm×53 mm,2.5 kg　　D. 240 mm×115 mm×55 mm,3 kg

7. 砖的强度等级用(　　)表示。

A. M　　　　　B. MU　　　　C. MC　　　　D. ZC

8. 砂浆的强度等级用(　　)表示。

A. M　　　　　B. MU　　　　C. MC　　　　D. SC

9. 37 墙厚度的构造尺寸为(　　)。

A. 375 mm　　B. 370 mm　　C. 365 mm　　D. 360 mm

10. 砖墙的水平灰缝宽度和竖向灰缝宽度,应为(　　)左右。

A. 8 mm　　　B. 10 mm　　　C. 12 mm　　　D. 15 mm

11. 砖基础大放脚部分的组砌形式一般采用(　　)法。

A. 三一　　　　B. 梅花丁　　C. 一顺一丁　　D. 三顺一丁

12. 勒脚是墙身接近室外地面的部分,常用的材料为(　　)。

A. 混合砂浆　　B. 水泥砂浆　　C. 纸筋灰　　　D. 膨胀珍珠岩

13. 散水宽度一般不小于(　　)。

A. 600 mm　　B. 500 mm　　C. 400 mm　　D. 300 mm

14. 墙身水平防潮层分为(　　)几种。

A. 沥青防潮层　　　　　　B. 油毡防潮层　　　　　　C. 防水砂浆防潮层

D. 防水砂浆砌砖防潮层　　E. 细石混凝土防潮层

15. 墙身防潮层的作用是阻止地基土中的水分因毛细管作用进入墙身,防潮层的做法中防潮性能和抗裂性能良好的是(　　)。

A. 防水砂浆防潮层　　　　　　　　B. 钢筋混凝土带

C. 油毡防潮层　　　　　　　　　　D. 防水砂浆砌砖防潮层

16. 墙体勒脚部位的水平防潮层一般设于(　　)。

A. 基础顶面

B. 底层地坪混凝土结构层之间的砖缝中

C. 底层地坪混凝土结构层之下 60 mm 处

D. 室外地坪之上 60 mm 处

17. 砖砌窗台的出挑尺寸一般为(　　)。

A. 60 mm　　B. 90 mm　　C. 120 mm　　D. 180 mm

18. 砖拱过梁有平拱和弧拱两种。平拱砖过梁的跨度不应超过(　　)。

A. 1.2 m　　B. 1.3 m　　C. 1.4 m　　D. 1.5 m

19. 当门窗洞口上部有集中荷载作用时,其过梁可选用(　　)。

A. 平拱砖过梁　　　　　　　　　　B. 弧拱砖过梁

C. 钢筋砖过梁　　　　　　　　　　D. 钢筋混凝土过梁

20. 当过梁上有集中荷载或振动荷载时,不宜采用(　　)。

A. 钢筋混凝土过梁　　　　　　　　B. 钢筋砖过梁

C. A、B 选项　　　　　　　　　　D. 以上各项都不对

21. 过梁是门窗洞口上设置的横梁,它不承受(　　)传递的荷载。

A. 洞口上部墙体　　　　　　　　　B. 洞口上部所有

C. 洞口上部其他构件　　　　　　　D. 窗间墙部分

22. 圈梁一般应设置在砖墙的(　　)。

A. 外墙四周　　　　　　　　　　　B. 所有外墙与内墙

C. 外墙和部分内墙　　　　　　　　D. 全部内墙

23. 下列属于圈梁作用的有(　　)等。

A. 提高墙体承载力　　　　　　　　B. 加强建筑整体性

C. 提高建筑物抵抗不均匀沉降的能力　　D. 降低建筑造价

E. 加强美观效果

24. 圈梁遇洞口中断,所设置的附加圈梁与原圈梁的搭接长度 L 应满足(　　)。

A. $L \leqslant 2h$ 且 $L \leqslant 1$ m   B. $L \leqslant 2h$ 且 $L \leqslant 1.5$ m

C. $L \geqslant 2h$ 且 $L \geqslant 1.5$ m   D. $L \geqslant 2h$ 且 $L \geqslant 1$ m

25. 构造柱一般设在(　　)等处。

A. 建筑物的四角   B. 内墙与外墙的交接处

C. 楼梯间和电梯间的四角   D. 某些较长墙体的中部

E. 某些较短墙体的内部

26. 下列属于钢筋混凝土构造柱作用的是(　　)。

A. 使墙角挺直   B. 加速施工速度

C. 增加建筑物的刚度   D. 可按框架结构考虑

27. 摆砖样(或称排砖、摺底)的目的是(　　)。

A. 减少砍砖   B. 保证竖缝均匀合理

C. 保证组砌合理   D. 保证每个楼层为整皮砖

E. 使各段砖墙底部标高符合设计要求

28. "三一"砌砖法是指(　　)。

A. 三皮一吊   B. 三种铺灰法一种挤砖法

C. 三种步法一种手法   D. 一铲灰一块砖一挤揉

29. 在砌筑工程中,皮数杆的作用是(　　)。

A. 保证墙体垂直度   B. 控制墙体竖向尺寸

C. 控制各部位构件的竖向标高   D. 保证灰缝厚度的均匀性

E. 控制脚手眼的位置

30. 砖墙与构造柱连接应砌成马牙槎,并沿墙高每500 mm设置2φ6水平拉结钢筋,每边伸入墙内不宜(　　)。

A. >1 m   B. <1 m   C. >1.2 m   D. <1.2 m

31. 采用"三一"砌砖法的主要优点是(　　)。

A. 工效高   B. 灰缝砂浆饱满,黏结好

C. 容易操作   D. 节省砂浆

32. 砖砌体水平灰缝的砂浆饱满度不得小于(　　)。

A. 75%   B. 80%   C. 85%   D. 90%

33. 半砖隔墙的顶部与楼板相接处应采用(　　)方式砌筑。

A. 水泥砂浆抹缝处理   B. 半砖顺砌

C. 立砖斜砌   D. 整砖平砌

34. 砌砖墙在必要的情况下,留槎时应尽量留斜槎,斜槎水平投影长度不应小于高度的(　　)。

A. 1/4   B. 1/2   C. 3/4   D. 2/3

35. 砖砌体的质量要求有（　　）。

A. 横平竖直　　B. 砂浆饱满　　C. 上下对缝　　D. 内外搭砌　　E. 接槎可靠

36. 当采用（　　）做隔墙时，可将隔墙直接设置在楼板上。

A. 黏土砖　　　　　　　　B. 空心砌块

C. 混凝土墙板　　　　　　D. 轻质材料

37. 轻质隔墙一般要着重处理好（　　）。

A. 强度　　　　B. 隔音　　　　C. 防火　　　　D. 稳定

38. 防火墙的耐火极限不小于（　　）。

A. 4.0 h　　　B. 3.0 h　　　C. 2.0 h　　　D. 1.0 h

39. 为了使外墙具有足够的保温能力，应选用（　　）的材料砌筑。

A. 强度高　　　　　　　　　　B. 密度大

C. 导热系数小　　　　　　　　D. 导热系数大

40. 外墙涂料需要有（　　）。

A. 较好的弹性　　　　B. 耐气候性　　　　　　C. 较好的质感

D. 较强的装饰效果　　E. 较高的强度

41. 内墙涂料需要有（　　）。

A. 较好的弹性　　　　　　　　B. 耐磨且抗冲击能力较好

C. 较好的质感　　　　　　　　D. 较强的装饰效果

E. 较高的强度

42. 内墙面抹灰类装修，一般包括水泥砂浆、混合砂浆及（　　）。

A. 纸筋灰　　B. 水刷石　　C. 花岗岩　　D. 干粘石

43. 高级抹灰是指（　　）。

A. 一层底层抹灰、一层面层抹灰

B. 一层底层抹灰、一层中间抹灰、一层面层抹灰

C. 一层底层抹灰、两层中间抹灰、一层面层抹灰

D. 一层底层抹灰、多层中间抹灰、一层面层抹灰

二、填空题

1. 按受力情况不同，墙体可分为_____和_____。

2. 墙作为建筑的_____构件时，起着抵御自然界各种因素对室内侵袭的作用。

3. 墙的稳定性与墙的长度、高度和_____有关。

4. 在框架结构中墙只起_____、_____作用。

5. 常见的隔墙形式有_____、_____和_____隔墙。

6. 实心黏土砖的规格为_____，其强度等级有_____共_____个等级；砂浆有_____、_____、_____三种，其强度等级有_____共_____个等级。

7. 砖墙厚度有_____、_____、_____、_____、_____等,其相应的构造尺寸为_____、_____、_____、_____、_____。

8. 标准砖的规格为_____,砌筑砖墙时,必须保证上下皮砖_____搭接,避免形成通缝。

9. 墙体的结构布置方案常见的有_____、_____、_____和_____四种。

10. 墙体的强度取决于砌墙砖和_____的强度等级。

11. 砖墙在砌筑时,须做到墙面美观,_____,内外搭接,_____。

12. 散水宽度应大于房屋挑檐宽_____,并应大于基础底外缘宽_____,以防止屋檐水滴入土中导致雨水浸泡基础。

13. 散水的坡度为_____,宽度一般不小于_____。

14. 细石混凝土防潮层的做法通常采用_____mm厚的细石混凝土防潮带,内配_____钢筋。

15. 当室内地面为不透水性地面时,把防潮层的上表面设置在室内地坪以下_____mm。

16. 门窗过梁的主要形式有_____、钢筋砖过梁和_____。

17. 为增加墙体的整体稳定性、提高建筑物的刚度,墙身加固的方法一般有_____、_____、_____等。

18. _____是沿房屋外墙、内纵承重墙和部分横墙设置的连续封闭式的梁。其作用是增强建筑物的空间刚度以及整体性。

19. 构造柱的截面尺寸宜采用_____。最小截面尺寸为_____。

20. 尺寸较大的板材饰面通常采用_____(填做法)。

三、名词解释

1. 山墙

2. 勒脚

3. 女儿墙

4. 构造柱

四、简答题

1. 勒脚的作用是什么?常见的做法有几种?

2. 防潮层的做法通常有哪几种?

3. 窗台的构造设计有哪些要点?

4. 隔墙的设计要求有哪些?

实训任务

1. 绘图说明散水及室内地坪的做法,请注明各材料层次以及必要尺寸(包括散水宽度与坡度)。

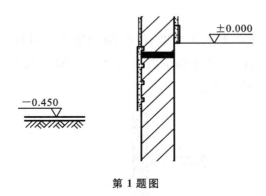

第 1 题图

2. 绘图说明墙身防潮的做法,并注明所有材料层次。

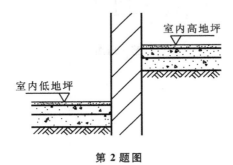

第 2 题图

3. 试设计某五层办公楼的外墙脚构造(如图所示节点 1),该工程外墙厚度为 240 mm,外墙面为 JH80-1 型米黄色外墙涂料。工程所在地为 7 度抗震设防地区,降雨量较大,设计室内外高差为 450 mm。

要求:勒脚的设计要求有效防止地表水对墙脚的侵蚀,色彩与墙面色彩协调,表面光滑、耐久、易擦洗。散水(或明沟)应满足降雨量大的要求。防潮层应满足 7 度设防地区的防震要求。

绘图要求:用 A4 图纸作节点 1 构造详图,用铅笔等工具作图,内容包括墙身勒脚、散水(或明沟)和防潮层;材料、尺寸和位置表示齐全正确,比例 1∶20;要求线型选择与图面表达正确,文字用仿宋字书写。

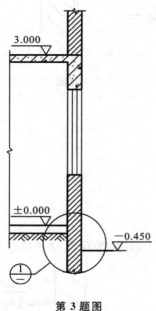

第 3 题图

4. 试设计某五层办公楼二层平面的墙身构造柱与门窗过梁,该工程墙体厚度为240 mm,平面布置如图所示,工程所在地为 7 度抗震设防地区。

要求:(1)在平面图上补充完整构造柱,并绘制出构造柱的横断面图,标明混凝土强度等级,钢筋的种类、数量和大小;(2)按要求设计出各类门窗的过梁,并绘制出过梁的横断面图,标明混凝土强度等级,钢筋的种类、数量和大小。

绘图要求:采用 A4 图纸,用铅笔等工具作图,内容包括构造柱和过梁;材料、尺寸和位置表示齐全正确;要求线型选择与图面表达正确,文字用仿宋字书写。

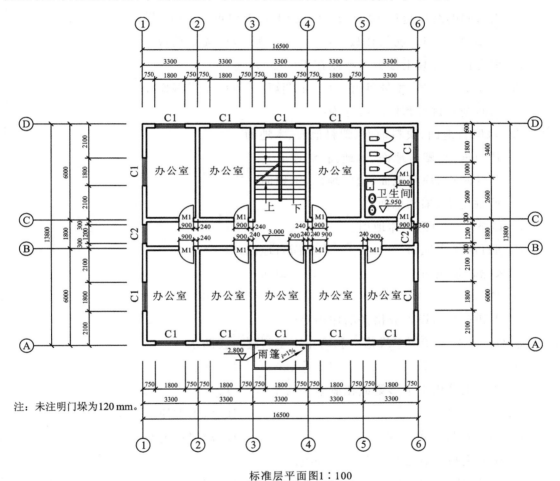

注:未注明门垛为120 mm。

标准层平面图1∶100

第 4 题图

任务 2.4　楼地层

一、选择题

1. 实铺地坪一般由（　　）几个基本层次组成。

A. 面层　　　　B. 结合层　　　C. 垫层

D. 防潮层　　　E. 基层

扫码做题

2. 当房间的跨度超过 10 m,并且平面形状近似正方形时,常采用（　　）。

A. 板式楼板　　B. 肋梁楼板　　C. 井式楼板　　D. 无梁楼板

3. 现浇钢筋混凝土楼板的特点在于（　　）。

A. 施工简便　　B. 整体性好　　C. 工期短　　　D. 不需湿作业

4. 地面按其材料和做法可分为（　　）。

A. 水磨石地面、块料地面、塑料地面、木地面

B. 块料地面、塑料地面、木地面、泥地面

C. 整体地面、块料地面、塑料地面、木地面

D. 刚性地面、柔性地面

5. 以下（　　）为整体地面。

①细石混凝土地面　　　　　②花岗岩地面

③水泥砂浆地面　　　　　　④地毯地面

A. ①、③　　B. ②、③　　　C. ①、④　　　D. ②、④

6. 水磨石地面设置分格条的作用是（　　）。

①坚固耐久　　②便于维修　　③防止产生裂缝　　④防水

A. ①、③　　B. ①、③　　　C. ②、③　　　D. ③、④

7. 楼板上采用十字形梁或花篮梁是为了（　　）。

A. 顶棚美观　　　　　　　　　　B. 施工方便

C. 减少楼板所占空间　　　　　　D. 减轻梁的自重

8. 压型钢板组合楼板由（　　）等组成。

A. 压型钢板　　B. 压钉　　　C. 抗剪钉　　　D. 混凝土　　E. 主筋

9. 以下（　　）不是压型钢板组合楼板的优点。

A. 省去了模板　　　　　　　　　B. 简化了工序

C. 技术要求不高　　　　　　　　D. 板材的生产易形成工业化

10. 空心板在安装前,孔的两端常用混凝土块或碎砖块堵严,其目的是（　　）。

A. 增加保温性　　　　　　　　　B. 避免板端被压坏

C. 增强整体性　　　　　　　　　D. 避免板端滑移

11. 预制钢筋混凝土楼板间应留缝隙的原因是(　　)。

A. 板宽规格的限制,实际尺寸小于标志尺寸　B. 有利于预制板的制作

C. 有利于加强板的强度　　　　　　　　　D. 有利于房屋整体性的提高

12. 预制板侧缝间需灌注细石混凝土,当缝宽大于(　　)时,须在缝内配纵向钢筋。

A. 30 mm　　B. 50 mm　　C. 60 mm　　D. 80 mm

13. 预制钢筋混凝土梁搁置在墙上时,应在梁与砌体间设置混凝土或钢筋混凝土垫块,其目的是(　　)。

A. 扩大传力面积　　　　　　　　　　B. 简化施工

C. 增大室内净高　　　　　　　　　　D. 避免梁端滑移

14. 单向板肋梁楼盖荷载的传递途径为(　　),适用于平面尺寸较大的建筑。

A. 主梁—次梁—板—墙　　　　　　　B. 板—次梁—主梁—墙

C. 次梁—主梁—板—墙　　　　　　　D. 板—主梁—次梁—墙

15. 双向板板底受力钢筋的放置应该是(　　)。

A. 短向钢筋在上,长向钢筋在下

B. 短向钢筋是受力钢筋,长向钢筋是分布钢筋

C. 短向钢筋在下,长向钢筋在上

D. 短向钢筋在上在下无所谓

16. 悬吊式顶棚主要由(　　)等组成。

A. 基层　　　B. 找平层　　　C. 吊筋　　　D. 骨架　　　E. 面板

17. 吊顶的吊筋是连接(　　)的承重构件。

A. 搁栅和屋面板或楼板等　　　　　　B. 主搁栅与次搁栅

C. 搁栅与面层　　　　　　　　　　　D. 面层与面层

18. 阳台的结构形式没有(　　)的说法。

A. 墙承式　　　B. 挑板式　　　C. 肋梁式　　　D. 挑梁式

19. 低层、多层住宅阳台栏杆净高不应低于(　　)mm,中高层、高层住宅阳台栏杆净高不应低于(　　)mm。

A. 900　　　B. 1000　　　C. 1050　　　D. 1100

20. 阳台栏杆的垂直杆件间净距不应大于(　　)mm。

A. 110　　　B. 120　　　C. 130　　　D. 150

21. 管线穿越楼板时,(　　)需加套管。

A. 下水管　　　B. 自来水管　　　C. 电信管　　　D. 暖气管

二、填空题

1. 楼板按其所用材料的不同分为_____、_____、_____和_____等。

2. 楼板层的组成主要包括_____、_____和_____,根据建筑物的使用功能

的不同,还可以在楼板层中设置_____。

3. 钢筋混凝土楼板按施工方式不同,分为_____、_____和_____三种。

4. 现浇式钢筋混凝土楼板根据受力和传力情况,分为_____、_____、_____、压型钢板组合楼板。

5. 楼板在砖墙上的搁置长度一般不小于_____。梁在砖墙上的搁置长度与梁高有关:当梁高不超过 500 mm 时,其搁置长度不小于_____;当梁高超过 500 mm 时,搁置长度不小于_____。

6. 木楼地面根据构造形式的不同,分为_____和_____。

7. 实铺地坪一般由_____、_____、_____三个基本层次组成。

8. 顶棚的构造方式有_____和_____两种。

9. 直接式顶棚有_____、_____与_____三种。

10. 板式楼梯中的单向板是指_____,双向板是指_____。

11. 阳台按其与外墙的相对位置分为_____、_____、_____。

12. 阳台的台面应该低于室内地面_____ mm,其次在阳台台面上设置不小于_____的排水坡、坡向排水口。水舌外挑的长度不小于_____ mm。

三、名词解释

1. 无梁楼板

2. 叠合楼板

3. 顶棚

4. 雨篷

四、简答题

1. 楼板层由哪几部分组成?对楼板层的要求有哪些?

2. 简述现浇板的种类及特点。

3. 单向板与双向板构造上各有什么特点?

4. 压型钢板组合楼板有何特点?其组成是怎样的?

实训任务

1. 绘图说明木地板楼地面、水泥砂浆楼地面的构造层次。

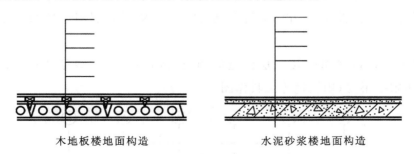

木地板楼地面构造　　　　　　　水泥砂浆楼地面构造

第 1 题图

2. 根据节点构造图，对应选择多层材料的标注文字。

A——10 厚 1∶3 水泥砂浆找平层

B——喷刷涂料

C——100 厚钢筋混凝土结构层

D——3 厚麻刀灰面层

E——20 厚 1∶3 干硬性水泥砂浆结合层

F——20 厚 600×600 大理石干水泥擦缝

G——20 厚 1∶2 水泥砂浆找平层

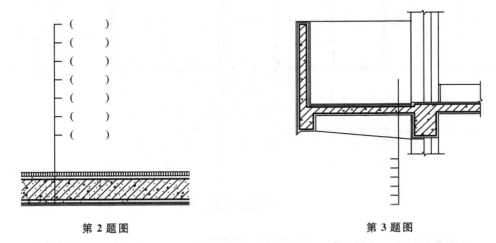

第 2 题图　　　　　　　　　　　　**第 3 题图**

3. 绘图说明阳台剖面图中地面和顶棚的材料层次及阳台的必要尺寸。要求标明地面坡度、地面高差、栏板高度以及滴水做法等。

4. 试设计某办公楼的室内楼板层的细部构造,具体部位如下:办公室的楼板层细部构造、卫生间的楼板层细部构造、办公室地坪层构造。

要求:(1)楼板层采用100厚钢筋混凝土楼板,地坪层采用80厚C10细石混凝土垫层;(2)办公室楼板层顶棚选用直接式顶棚,卫生间楼板层选用悬吊式顶棚,办公室和卫生间地面设计要求色彩、质地和图案符合其功能性需求,选用材料应环保、整洁、防滑、耐磨。

绘图要求:用A4图纸作楼板层构造详图,比例自定;要求线型选择与图面表达正确,文字用仿宋字书写;用铅笔等工具作图。

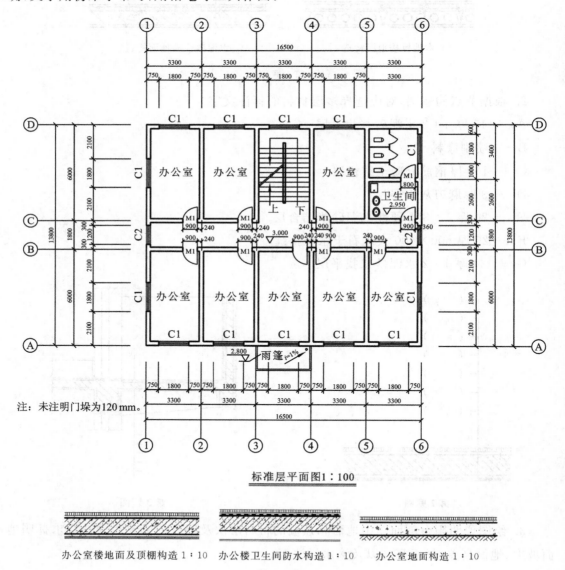

标准层平面图1:100

注:未注明门垛为120 mm。

办公室楼地面及顶棚构造1:10   办公楼卫生间防水构造1:10   办公室地面构造1:10

第4题图

任务 2.5　楼梯

一、选择题

1. 在众多楼梯形式中,不宜用于疏散的楼梯是(　　)。

A. 直跑楼梯　B. 两跑楼梯　C. 剪刀楼梯　D. 螺旋楼梯

扫码做题

2. 现浇式钢筋混凝土梁板式楼梯的梁和板分别是指(　　)。

A. 平台梁和平台板　　　　　　　B. 斜梁和梯段板

C. 平台梁和梯段板　　　　　　　D. 斜梁和平台板

3. 现浇式钢筋混凝土梁板式楼梯没有(　　)的结构做法。

A. 梯段一侧设斜梁　　　　　　　B. 梯段两侧设斜梁

C. 梯段两端设斜梁　　　　　　　D. 梯段中间设斜梁

4. 楼梯的坡度一般常在(　　)之间。

A. 20°~60°　B. 30°~60°　C. 20°~50°　D. 20°~45°

5. 楼梯一跑梯段的踏步数不应大于(　　)。

A. 9　　　　B. 12　　　　C. 15　　　　D. 18

6. 踢脚板的高度一般取(　　)mm。

A. 100~150　　　　　　　　　B. 150~180

C. 180~240　　　　　　　　　D. 240~300

7. 一般建筑物楼梯应至少满足两股人流通行,楼梯段的宽度不小于(　　)。

A. 900 mm　B. 1000 mm　C. 1100 mm　D. 1200 mm

8. 住宅建筑规定:6层及以下的单元式住宅,其楼梯段的最小净宽不小于(　　)。

A. 1000 mm　B. 900 mm　C. 1050 mm　D. 1100 mm

9. 为了安全,平行双跑楼梯的梯井宽度一般在(　　)之间为宜。

A. 20~100 mm　　　　　　　　B. 0~60 mm

C. 60~200 mm　　　　　　　　D. 100~260 mm

10. 当楼梯平台下需要通行时,一般其净空高度不小于(　　)。

A. 2100 mm　B. 1900 mm　C. 2000 mm　D. 2400 mm

11. 一般楼梯梯段部分的净高不小于(　　)mm。

A. 1800　　　B. 2000　　　C. 2200　　　D. 2400

12. 下列材料中,不宜用于防滑条的为(　　)。

A. 金刚砂　B. 缸砖　　C. 水磨石　　D. 钢板

13. 楼梯扶手在转弯处应避免下图中的(　　)方式。

A. ▦ (鹤颈)　　　　　　　B. ▦ (断开)

C. ▦ (硬接)　　　　　　　D. ▦ (水平)

14. 楼梯段基础的做法有在楼梯段下(　　　)等方式。

A. 设砖基础　　　　　B. 设石基础　　　　　C. 设混凝土基础

D. 设地梁　　　　　　E. 不设基础

二、填空题

1. 在建筑物中,为解决垂直交通和高差,常采用_____、_____、_____、_____、自动扶梯、爬梯等措施。

2. 按主要承重结构的材料分,楼梯可分为_____、_____、_____等,其中_____使用最普遍。

3. 民用建筑中最为常用的楼梯形式为_____,高度越过_____m的高层建筑应采用防烟楼梯。

4. 楼梯的坡度范围在_____之间,_____最为适宜。

5. 楼梯一般由_____、_____和_____三部分组成。每个楼梯的步级数不少于_____级,不大于_____级。确定踏步尺寸常用的公式为_____,式中数据为人行走的_____。

6. 现浇梁承重楼梯根据梯段结构形式的不同可分为_____和_____两种。

7. 在室外台阶与出入口之间一般设有平台,平台表面比室内地面的标高略低_____mm,向外找坡_____,以利排水。

8. 坡道的特点是通行方便、省力,但占建筑面积较大,室内坡道常小于_____。

9. 一般建筑物楼梯应至少满足两股人流通行,楼梯段的宽度不小于_____;6层及以下的单元式住宅,其楼梯段的最小净宽不小于_____;双跑平行式楼梯的楼梯平台宽度不小于_____;建筑物室内楼梯成人扶手高度一般为_____,幼儿园建筑的楼梯应增设幼儿扶手,高度为_____,平台上水平扶手长度超过500 mm时,其高度不应小于_____。

10. 楼梯休息平台深度一般应_____梯段宽度。

11. 楼梯平台的主要作用是_____和_____。

12. 踢脚板的高度为_____mm,所用材料一般与_____一致。

13. 底层中间平台下作出入口的处理方式有_____、_____、_____、_____。

14. 楼梯、电梯、自动扶梯是各楼层间的上、下交通设施,有了电梯和自动扶梯的建筑还是否需要设置楼梯?＿＿＿＿＿＿(填"是"或"否")

三、名词解释

1. 台阶、坡道

2. 楼梯段、楼梯井

3. 楼梯的净空高度

4. 明步楼梯、暗步楼梯

四、简答题

1. 简述楼梯各部分的作用。

2. 楼梯设计有什么要求? 对楼梯尺寸的要求有哪些?

3. 当楼梯地层平台下作通道、净空高度不满足要求时,常采用哪些解决措施? 试绘图说明。

4. 楼梯踏步的防滑处理有哪些?

实训任务

1. 试设计某办公楼首层至三层的楼梯,楼梯间平面尺寸如第 1 题图所示。该办公楼层高 3000 mm,室内外高差为 750 mm,楼梯间墙厚均为 240 mm,楼梯平台下作出入口,平台梁高为 300 mm,首层休息平台可视情况决定是否设平台梁,该办公楼所有板厚均为 100 mm。

要求:楼梯踏步宽度、高度、休息平台尺寸均满足规范要求。

绘图要求:在 A3 图纸上完成楼梯的平面和剖面图,比例 1∶50;制图须符合《房屋建筑制图统一标准》(GB/T 50001—2010)的要求,内容表达必须满足施工图深度要求,文字用仿宋字书写,用铅笔等工具作图。

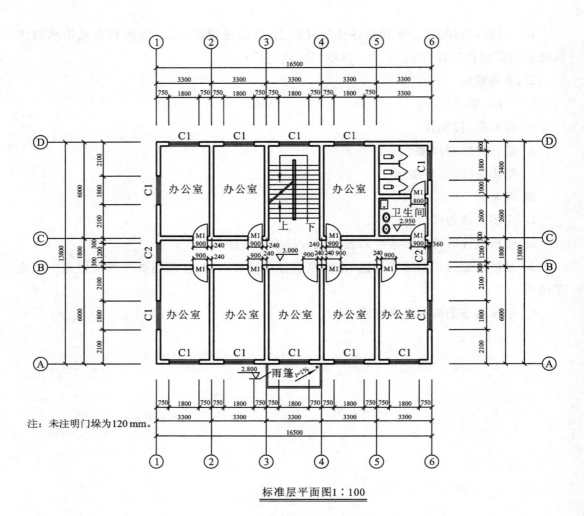

注：未注明门垛为120 mm。

标准层平面图1:100

第 1 题图

任务 2.6 屋顶

一、选择题

1. 屋顶具有的功能有（　　）。

① 遮风　② 挡雨　③ 保温　④ 隔热

A. ①、②　　　　　　　　　　B. ①、②、④

C. ③、④　　　　　　　　　　D. ①、②、③、④

2. 平屋顶的屋面坡度一般为（　　）。

A. ＜10％　　　B. ＜5％　　　C. 2％～3％　　　D. 0

3. 钢筋混凝土平屋顶的排水坡度用得最多的是（　　）。

A. 5％～10％　　B. 1％～5％　　C. 2％～3％　　　D. 7％～8％

4. 机制平瓦屋面的坡度应为（　　）。

A. 3％～5％　　B. 10％～20％　　C. 20％～40％　　D. 40％～50％

5. 平坡屋顶的坡度分界线是（　　）。

A. 5％　　　　B. 8％　　　　C. 10％　　　　D. 15％

6. 在坡屋顶的构造层次中，下列（　　）构件属于承重结构层。

A. 三角形钢屋架　　　　　　B. 钢板彩瓦

C. 油毡　　　　　　　　　　D. 吊顶龙骨

7. 硬山屋顶的做法是（　　）。

A. 檐墙挑檐　　B. 山墙挑檐　　C. 檐墙包檐　　D. 山墙封檐

8. 屋顶是建筑物最上面起维护和承重作用的构件，屋顶构造设计的核心是（　　）。

A. 承重　　　B. 保温隔热　　C. 防水和排水　　D. 隔声和防火

9. 自由落水挑檐从屋顶悬挑时，应挑出不小于（　　）mm 宽的板。

A. 200　　　　B. 250　　　　C. 300　　　　D. 400

10. 平屋顶采用材料找坡的形式时，垫坡材料不宜用（　　）。

A. 水泥炉渣　　B. 石灰炉渣　　C. 细石混凝土　　D. 膨胀珍珠岩

11. 屋顶坡度的形式有材料找坡和结构找坡，其中（　　）属材料找坡。

A. 利用结构层　　　　　　　B. 利用卷材的厚度

C. 利用屋面板的搁置　　　　D. 选用轻质材料找坡

12. 屋面排水区一般按每个雨水口排出（　　）屋面（水平投影）雨水来划分。

A. 100～120 m²　　　　　　B. 150～200 m²

C. 120～150 m²　　　　　　D. 200～250 m²

13. 按照檐沟在屋顶的位置，有组织外排水的屋顶形式没有（　　）等。

A. 沿屋顶四周设檐沟   B. 沿山墙设檐沟

C. 女儿墙外设檐沟   D. 女儿墙内设檐沟

14. 规范规定屋面工程防水等级共划分为(　　)个等级。

A. 三   B. 二   C. 五   D. 四

15. (　　)不属于柔性防水屋面的基本构造层次之一。

A. 防水层   B. 隔离层   C. 结构层   D. 找平层

16. 在刚性防水屋面中,可用作浮筑层的材料是(　　)。

A. 石灰砂浆   B. 水泥砂浆

C. 细石混凝土   D. 混合砂浆

17. 屋面卷材防水层的施工,找平层转角处应抹成(　　)形,并设置分格缝。

A. 锐角   B. 直角   C. 圆弧   D. 任意角

18. 混凝土刚性防水屋面的防水层应采用不低于(　　)级的细石混凝土整体现浇。

A. C15   B. C20   C. C25   D. C30

19. 屋面分仓缝处常用的密封材料为(　　)。

A. 水泥砂浆   B. 油膏   C. 细石混凝土   D. 防水砂浆

20. 刚性屋面分格缝的间距一般不大于(　　),并应位于结构变形的敏感部位。

A. 3 m   B. 6 m   C. 9 m   D. 12 m

21. 屋面的水泥砂浆找平层应留设分格缝,分格缝的最大间距为(　　)。

A. 纵横向均为 4 m   B. 纵向 6 m,横向 4 m

C. 纵横向均为 6 m   D. 纵向 4 m,横向 6 m

22. 泛水系屋面防水层与垂直墙交接处的防水处理,其高度应不小于(　　)mm。

A. 120   B. 180   C. 200   D. 250

23. 关于屋面泛水构造要点,以下说法错误的是(　　)。

A. 泛水的高度一般不小于 250 mm

B. 在垂直面与水平面交接处要加铺一层卷材

C. 在垂直面与水平面交接处转圆角或做 45°斜面

D. 防水卷材的收头处要留缝以适应变形

24. 屋面防水工程施工铺贴卷材,当屋面坡度小于 3％时,宜(　　),当屋面坡度在 3％～15％之间时,可以(　　)。

A. 垂直屋脊铺贴   B. 平行屋脊铺贴

C. 平行或垂直屋脊铺贴   D. 无规则,可任意铺贴

25. 当屋面坡度大于 15％时,沥青防水卷材铺贴的方向应是(　　)。

A. 任意铺贴   B. 垂直于屋脊铺贴

C. 平行于屋脊铺贴   D. 不宜使用卷材

26. 当铺贴连续多跨的屋面卷材时,应按( )的次序施工。

A. 先低跨后高跨,先远后近   B. 先高跨后低跨,先远后近

C. 先低跨后高跨,先近后远   D. 先高跨后低跨,先近后远

27. 卷材的铺贴方法中,当防水层上有重物或基层变形较大、保温层或找平层含水率较大且干燥困难时,不宜采用( )。

A. 满粘法   B. 空铺法

C. 点粘法、条粘法   D. 机械固定法

28. 防水混凝土的水泥用量不得( )。

A. 少于 300 kg/m³   B. 少于 320 kg/m³

C. 少于 340 kg/m³   D. 少于 280 kg/m³

29. 关于屋面保温构造,( )的做法是错误的。

A. 保温层位于防水层之上   B. 保温层位于结构层与防水层之间

C. 保温层与结构层结合   D. 保温层与防水层结合

30. 平屋顶隔热的构造做法主要有( )等。

A. 通风隔热   B. 蓄水隔热

C. 洒水隔热   D. 植被隔热

E. 反射降温隔热

二、填空题

1. 屋顶由四部分组成,即 _____、_____、_____、_____。

2. 常见的屋顶形式分为三大类:_____、_____、_____。

3. 屋顶的作用主要有 _____、_____、_____。

4. 坡屋顶的承重结构常见的有 _____、_____ 和 _____。

5. Ⅱ级防水屋面的使用年限为 _____ 年,适用于 _____。

6. 平屋顶的排水方式分为 _____ 和 _____ 两种。

7. 屋顶排水坡度的形成方式有 _____ 和 _____ 两种。

8. 有组织排水的排水装置有 _____、_____、_____ 等。

9. 屋面雨水口的位置均匀布置。一般民用建筑的雨水口间隔不宜超过 _____ m,最大不能超过 _____ m。

10. 落水口有两种形式,是 _____ 和 _____。

11. 平屋顶常用的外排水方式有 _____ 和 _____ 两种。

12. 平屋顶按屋面防水材料不同,可分为 _____ 和 _____。

13. 泛水的高度一般不小于 _____。泛水是指屋面防水层与垂直墙面交接处的 _____,在垂直面与水平面交接处要加铺一层卷材,并且 _____,防水卷材的收头处要进行 _____。

14. 刚性防水屋面施工方便,造价经济,但是对_____和_____比较敏感,会引起刚性防水层开裂。

15. 刚性屋面分仓缝的控制面积为_____ m²。

16. 刚性防水屋面的基本构造由_____、_____、_____、_____组成,其分格缝的间距一般不大于_____,分格缝的宽度为_____。

17. 平屋顶的隔热方式有_____、_____、_____、_____等。

三、名词解释

1. 构造垫置

2. 结构搁置

3. 泛水

4. 分仓缝

四、简答题

1. 屋顶的排水方式有哪些? 各自的适用范围是什么?

2. 为什么要在油毡防水层上做保护层? 保护层的做法有哪些?

3. 刚性防水屋面裂缝形成的原因是什么? 其预防构造措施有哪些?

4. 平屋顶的保温构造有哪几种做法? 其隔热措施有哪些? 试绘图说明。

实训任务

1. 试绘图说明刚性防水屋面的构造层次。

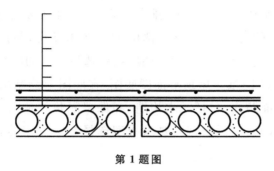

第 1 题图

2. 试绘图说明坡屋顶的构造层次与檐沟的构造层次。

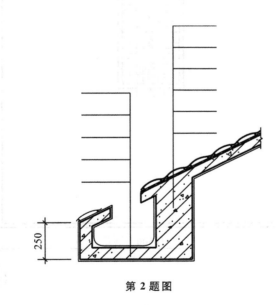

第 2 题图

3. 某办公楼的屋顶平面底图如下图所示,采用平屋顶形式。所在区域降雨量大,冬暖夏热。试设计该屋顶的排水、防水、保温隔热构造。

要求:(1)屋顶排水必须选择适合平屋顶的排水方式,在办公楼屋顶平面图上补充完整排水平面图,包括分水线、坡度、天沟、排水管等内容,设计必须科学合理;(2)屋面防水构造设计满足降雨量大的特点,防水材料选用 SBS 防水卷材,并作出屋面与女儿墙相交处泛水大样;(3)按当地气候特点设计保温隔热层,选择合适的隔热保温构造。

绘图要求:(1)用 A4 图纸作屋顶平面图底图,在底图上绘制出排水设计;(2)通过作节点构造详图,设计屋面防水(包括泛水构造)和保温隔热构造,详图采用断面图的形式表达清楚,并进行必要的文字说明;(3)要求线型选择与图面表达正确,文字用仿宋字书写,用铅笔等工具作图。

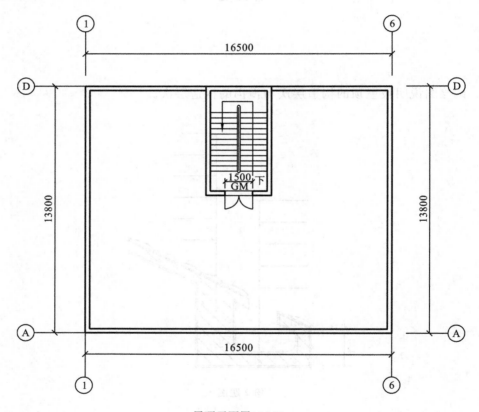

屋顶平面图1∶100

第 3 题图

任务 2.7　门窗

一、选择题

1. 防火规范规定，使用人数超过（　　）及使用面积超过（　　）m² 的房间，门的数量不应少于两个。

A. 60,50　　　　　　　　　　　B. 50,60

C. 50,80　　　　　　　　　　　D. 60,70

2. 门的开启方式有很多种，其中（　　）应用最为广泛。

A. 弹簧门　　　B. 推拉门　　　C. 转门　　　D. 平开门

3. 民用建筑中的生活、学习或工作用房，窗台的高度一般为（　　）mm。

A. 600　　　　B. 800　　　　C. 900　　　　D. 1000

4. 在居住建筑中，室内卧室门的宽度一般为（　　）mm。

A. 700　　　　B. 800　　　　C. 900　　　　D. 1000

5. 下列不属于窗的组成部分的是（　　）。

A. 五金件　　　B. 窗樘　　　C. 窗框　　　D. 窗扇

6. 铝合金门窗中的 90 系列是指（　　）。

A. 20 世纪 90 年代标准　　　　　B. 框宽（厚）90 mm

C. 洞口尺寸 900 mm　　　　　　D. 型材薄壁厚 9 mm

7. 铝合金门窗缺点是（　　）。

A. 隔音性差　　　B. 易变形　　　C. 易腐蚀　　　D. 有较高的导热性

8. 下列（　　）为通风天窗，而采光天窗有矩形天窗、平天窗、三角形天窗、横向下沉式天窗等。

①矩形天窗　　②井式天窗　　③平天窗　　④三角形天窗

A. ①、②　　　B. ①、③　　　C. ①、④　　　D. ②、④

二、填空题

1. 窗按开启方式的不同可分为＿＿＿＿、＿＿＿＿、＿＿＿＿、＿＿＿＿和固定窗。

2. 门按开启方式可分为＿＿＿＿、＿＿＿＿、＿＿＿＿、＿＿＿＿、＿＿＿＿等。

3. 使用人数多的房间，如会议室、餐厅等，考虑安全疏散要求，门应向＿＿＿＿开。

4. 常见的门窗按照材料可分为＿＿＿＿、＿＿＿＿、＿＿＿＿和＿＿＿＿。

5. 门窗洞口宽、高的尺寸，一般为＿＿＿＿mm 的倍数，当洞口小于 1000 mm 时，为＿＿＿＿mm 的倍数。

6. 门窗的安装有_____和_____两种方式。

7. 构造遮阳的形式一般可分为_____、_____、_____和_____四种。

三、名词解释

1. 悬窗

2. 天窗

3. 窗地比

4. 立口、塞口

5. 自然通风、机械通风

实训任务

1. 如第 1 题图所示为带高级装修的门洞处局部详图,请标注出图中各构造层次。

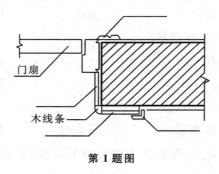

门扇

木线条

第 1 题图

2. 针对教室的室内装修门窗工程,剖析其主要构造设计做法,画出各个部位的构造大样图至少 2 个,要求构造设计清晰可靠、尺度合理、方便易行,并符合整体环境设计。

完成以下内容的编制:室内装修材料与构造设计说明(200 字左右),室内装修做法说明(200 字左右)。

模块三　建筑施工图识读

任务 3.1　房屋建筑工程施工图概述

一、选择题

1. 在 2 号轴线之后附加第一根轴线的轴号是(　　　)。

A. 2/1　　　　B. 1/2　　　　C. 1/3　　　　D. 3/2

2. 标高的单位是(　　　)。

A. mm　　　　B. cm　　　　C. m　　　　D. km

3. 在索引符号表示中,圆的直径是(　　　)。

A. 8 mm　　B. 10 mm　　C. 12 mm　　D. 14 mm

4. 在详图符号表示中,圆的直径是(　　　)。

A. 8 mm　　B. 10 mm　　C. 12 mm　　D. 14 mm

5. 指北针的圆圈直径宜为(　　　)。

A. 14 mm　　B. 18 mm　　C. 24 mm　　D. 30 mm

6. 在指北针符号表示中,箭头尾部的宽度是(　　　)。

A. 1 mm　　B. 2 mm　　C. 3 mm　　D. 4 mm

7. 建筑工程图的尺寸标注中,(　　　)以米为单位。

A. 平面图　　B. 立面图　　C. 剖面图　　D. 总平面图

8. 对于(　　　),一般用分轴线表达其位置。

A. 隔墙　　　　B. 柱子　　　　C. 大梁　　　　D. 屋架

9. 关于风玫瑰图的概念,下列说法正确的是(　　　)。

A. 各个方向吹风次数百分数值　　　　　B. 8 个或 16 个罗盘方位

C. 各个方向的最大风速　　　　　　　　D. 风向是从外面吹向中心的

10. 房屋建筑工程图由(　　　)几个专业工种的施工图组成。

A. 总平面图　　　　　　B. 建筑施工图　　　　　　C. 结构施工图

D. 基础施工图　　　　　E. 设备施工图

11. 建筑工程图中,标高的种类有(　　　)几种。

A. 装修标高　　　　　　B. 绝对标高　　　　　　C. 相对标高

D. 建筑标高　　　　　　E. 结构标高　　　　　　F. 测量标高

12. 建筑物室内外地面高差由( )决定。

A. 防水防潮要求　　　　　B. 建筑层高要求　　　　　C. 内外联系方便程度

D. 地形及环境条件　　　　E. 建筑造型要求

13. 净高指室内顶棚底表面到室内地坪表面间的距离,当中间有梁时,以( )表面计算。

A. 梁顶　　　B. 梁底　　　C. 楼板底　　　D. 楼板面

14. 关于钢筋混凝土构件模板图的说法,以下正确的有( )。

A. 钢筋混凝土构件模板图又叫支模图　　　B. 主要表达构件的外形及尺寸

C. 应标明预埋件的位置　　　　　　　　　D. 是构件模板制作的依据

E. 由现场施工人员绘制

15. 整套施工图纸的编排顺序是( )。

①设备施工图　②建筑施工图　③结构施工图　④图纸目录　⑤总说明

A. ①⑤②③④　　　　　　　　　B. ①②③④⑤

C. ④⑤②③①　　　　　　　　　D. ⑤②③④①

二、填空题

1. 定位轴线端部的圆圈直径为_____ mm,索引符号的圆的直径是_____ mm,详图的圆的直径是_____ mm,指北针的圆的直径是_____ mm。

2. 标高符号为_____,高约_____。

3. 建筑施工图的首页图主要包括_____、_____、_____和_____。

4. 总平面图常用的比例有_____、_____、_____和_____。平面图常用的比例有_____、_____和_____。

5. 建筑立面图的命名方式有_____、_____和_____。

6. 楼梯详图一般包括_____、_____和_____三部分内容。

7. 某建筑物一层地面标高为±0.000 m,支撑二层楼板的梁底标高为2.830 m,梁高600 mm,二层预制楼板厚125 mm,二层楼地面面层厚45 mm,该建筑物的一层层高为_____ m。

三、判断题

1. 建筑物的层高是指楼地面到楼板下凸出物底面的垂直距离。 ( )

2. 建筑的使用面积是指房屋建筑外墙所包围各层面积的总和,包括结构厚度所占的面积在内。 ( )

四、简答题

1. 房屋建筑设计包括哪几个阶段?

2. 房屋建筑施工图按专业是如何分类的?

3. 什么是建筑施工图?它包含哪些图?

4. 简述房屋建筑施工图识读的一般方法与步骤。

实训任务

1. 定位轴线的编号及顺序练习:按编号的顺序补充第 1 题图的轴号。

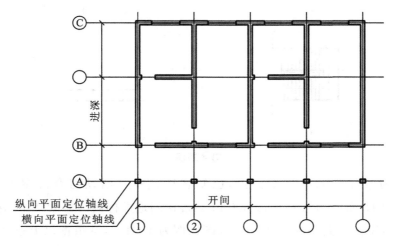

第 1 题图

2. 详图符号注写练习:分别说明第 2 题图中两个符号表示的含义。

第 2 题图

3. 按国标要求在指定区域画出各材料图例。

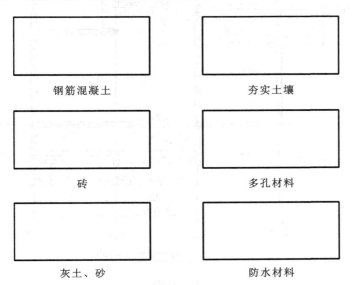

第 3 题图

4. 写出下列各图例所表示的构件名称。

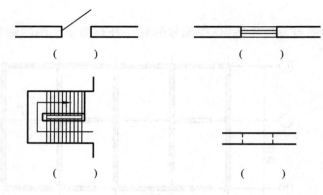

( )   ( )   ( )

( )   ( )

第 4 题图

5. 下图为某住宅的底层平面图,已知客厅、餐厅、活动房及卧室的地面标高为 ±0.000,厨房的地面比客厅地面低 300 mm,楼梯间地面标高为 0.600 m,卫生间地面比卧室低50 mm,室内外高差为 600 mm,画图比例为 1∶100,试根据以上条件完成下列各题。

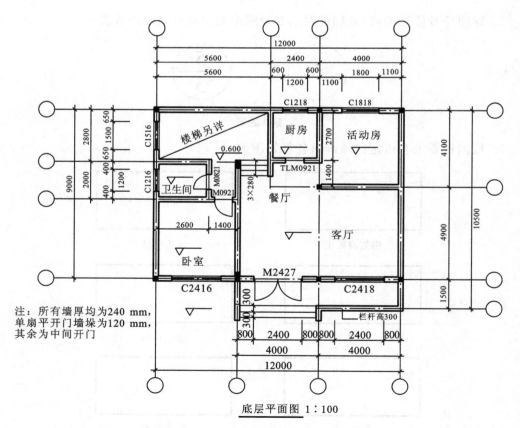

底层平面图 1∶100

第 5 题图

（1）按编号顺序标注出本张图纸定位轴线的编号。

（2）若要在1号轴线前附加一根定位轴线、在B号轴线后附加一根定位轴线，则其轴线编号可分别表示为_____、_____。

（3）请标注室内客厅、卧室、卫生间、厨房、活动房及室外地坪的地面标高。

（4）已知卧室的开间和进深为4000 mm和4200 mm，请在图中标出卧室的开间和进深。（已知卧室窗户C-2416的宽度为2400 mm，位置居中，请在图中标注此窗的尺寸）

（5）已知本工程的方位为上北下南，请画出本工程指北针的符号。

任务 3.2 建筑施工图识读

一、选择题

扫码做题

1. 建筑施工图首页图不包括( )内容。

A. 图纸目录 B. 设计说明 C. 总平面图 D. 工程做法表

2. ( )必定属于总平面图表达的内容。

A. 相邻建筑的位置 B. 墙体轴线

C. 柱子轴线 D. 建筑物总高

3. ( )反映建筑的平面形状、位置、朝向和与周围环境的关系,因此是新建筑施工定位、土方施工及作施工总平面图设计的重要依据。

A. 建筑施工图 B. 结构施工图

C. 总平面图 D. 设备施工图

4. 在总平面布置图中,原有建筑物的轮廓线应采用细实线绘制,新建建筑物的轮廓线采用( )绘制,计划扩建的建筑物采用中虚线绘制。

A. 粗实线 B. 细虚线 C. 细实线 D. 中粗点画线

5. ( )主要用来表示房屋的规划位置、外部造型、内部布置、内外装修、细部构造、固定设施及施工要求等。

A. 建筑施工图 B. 结构施工图

C. 总平面图 D. 设备施工图

6. 建筑平面图不包括( )。

A. 基础平面图 B. 首层平面图

C. 标准平面图 D. 屋顶平面图

7. 建筑平面图中的标高是采用( )。

A. 相对标高 B. 零点标高 C. 绝对标高 D. 结构标高

8. 关于建筑平面图的图示内容,以下说法错误的是( )。

A. 表示内外门窗位置及编号 B. 画出室内设备位置和形状

C. 注出室内楼地面的标高 D. 表示楼板与梁柱的位置及尺寸

9. ( )(除了屋顶平面图之外)是用一个假想的水平剖切面,在房屋的门窗洞位置剖开整栋房屋,它反映了建筑物的平面形状、大小和房间的布置,墙或柱的位置、大小和材料,门窗的类型和位置等情况。

A. 建筑平面图 B. 建筑立面图

C. 建筑剖面图 D. 建筑施工图

10. 六层楼的房屋一般应画出三张平面图。当其中二、三、四、五层平面布置相同时,合用一张平面图的图名应该为中间层平面图。建筑平面图中的尺寸除标高之外,都是以(　　)为单位。

A. km　　　　　B. m　　　　　C. cm　　　　　D. mm

11. 建筑平面图的外墙一般应标注三道尺寸,内侧第一道尺寸是(　　),中间第二道尺寸是(　　),外侧第三道尺寸是(　　)。

A. 各细部的位置及大小　　　　　　　　　　B. 外轮廓的总尺寸

C. 轴线间的距离

12. 建筑平面图反映出房屋的平面形状、大小和房间的布置、墙(或柱)的位置、厚度、材料,门窗的(　　)等情况。

A. 位置　　　　　B. 大小　　　　　C. 高度　　　　　D. 开启方向

13. 在建筑平面图中被剖切到的墙、柱断面轮廓应采用(　　)绘制,其定位轴线用细点画线绘制。

A. 粗实线　　　　B. 细虚线　　　　C. 细实线　　　　D. 中粗点画线

14. 砖混房屋结构平面图一般没有(　　)。

A. 基础平面图　　　　　　　　　　　　　　B. 底层结构平面布置图

C. 楼层结构平面布置图　　　　　　　　　　D. 屋面结构平面布置图

15. 在底层平面图上不表达(　　)。

A. 指北针　　　　　　　　　　　　　　　　B. 剖切符号

C. 室外设计标高　　　　　　　　　　　　　D. 雨篷的投影

16. 室外散水应在(　　)中画出。

A. 底层平面图　　　　　　　　　　　　　　B. 标准层平面图

C. 顶层平面图　　　　　　　　　　　　　　D. 屋顶平面图

17. 雨篷是建筑物上重要的附属构件,一般在(　　)平面图上予以表示。

A. 顶层　　　　　B. 中间层　　　　C. 首层　　　　D. 二层

18. 房屋一般有四个立面,通常人们把反映房屋的外形主要特征和出入口的那个立面图称为(　　),相应地把其他各立面图称为左侧立面图、右侧立面图、背立面图。

A. 主视图　　　　B. 正立面图　　　C. 平面图　　　D. 背立面图

19. 建筑立面图不可以用(　　)命名。

A. 朝向　　　　　B. 外貌特征　　　C. 结构类型　　　D. 首尾轴线

20. 在建筑立面图中,房屋最外轮廓线应采用(　　)绘制。

A. 粗实线　　　　B. 细虚线　　　　C. 细实线　　　　D. 中粗点画线

21. 建筑立面图要标注(　　)等内容。

A. 详图索引符号　　　　　　　　　　　　　B. 入口大门的高度和宽度

C. 外墙各主要部位的标高　　　　　　　　　D. 建筑物两端的定位轴线及其编号

E. 文字说明外墙面装修的材料及其做法

22. 建筑剖面图应标注(　　)等内容。

A. 门窗洞口高度 　　　　　　　　B. 层间高度

C. 建筑总高度 　　　　　　　　　D. 楼板与梁的断面高度

E. 室内门窗洞口的高度

23. 建筑剖面图的剖切位置应在(　　)中表示,剖面图的图名应与其剖切线编号对应。

A. 总平面图 　　　　　　　　　　B. 底层建筑平面图

C. 标准层建筑平面图 　　　　　　D. 屋顶建筑平面图

24. 建筑剖面图一般不需要标注(　　)等内容。

A. 门窗洞口高度 　　　　　　　　B. 层间高度

C. 楼板与梁的断面高度 　　　　　D. 建筑总高度

25. 墙身详图要表明(　　)。

A. 墙脚的做法 　　　　　　　　　B. 梁、板等构件的位置

C. 大梁的配筋 　　　　　　　　　D. 构件表面的装饰

E. 墙身定位轴线

26. 楼梯建筑详图包括(　　)。

A. 平面图 　　　　　　B. 剖面图 　　　　　　C. 梯段配筋图

D. 平台配筋图 　　　　E. 节点详图

二、简答题

1. 什么是总平面图?它表达的主要内容有哪些?

2. 建筑平面图是怎样形成的?其图示方法有什么特点?

3. 什么是建筑立面图?建筑立面图表达的主要内容有哪些?

4. 建筑剖面图是怎样形成的?其主要用途是什么?

5. 墙身详图、楼梯详图应包括哪些内容?

6. 建筑平、立、剖面图三种基本图样之间有什么关系?

实训任务

1. 识读某建筑平面图,并完成自测题。

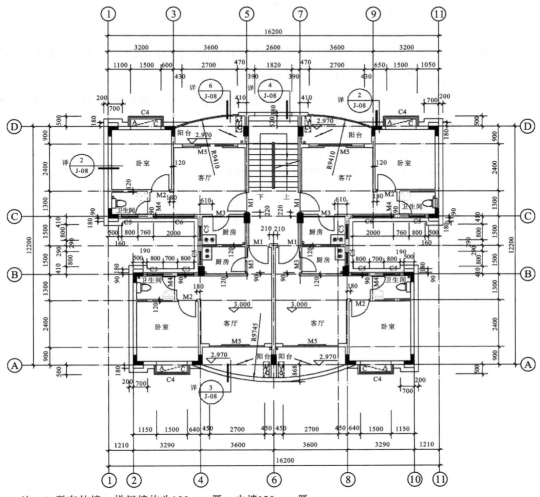

注：1.所有外墙,梯间墙均为180 mm厚, 内墙120 mm厚;
　　2.除说明外,所有门均为离开墙(柱)边60 mm开门。

二层平面图　1：100

第 1 题图

由图可知,该层平面图属_____层平面图,比例为_____,建筑物总宽为_____mm,该建筑的朝向为_____,图中的单位除标高为 m 外,其余以_____为单位。外墙的厚度为_____mm,内墙的厚度为_____mm,客厅的开间为_____mm,进深为_____mm。该层建筑物门的型号有_____种,代号分别为_____,门的开启方式有_____两种,窗的型号有_____种,窗代号分别为_____。卧室的窗宽为_____mm,客厅的阳台门(M5)宽为_____mm。该建筑物本层的标高为

_____ m,阳台的标高比客厅低_____。从平面上看,纵向定位轴线为_____,横向定位轴线为_____。本层共有_____个索引符号,其中表示详图在 J-08 图纸编号为 6 的索引符号为_____,它在本平面图里的看图方向为_____。

2. 在 A2 图纸上抄绘平面图,绘图步骤如下:

(1) 准备好绘图工具和用品;

(2) 根据所画图样的大小及复杂程度选择好比例,安排好图形的位置,定好图形的中心线,图面要适中、匀称,以获得良好的图面效果;

(3) 首先绘出图形的定位轴线,再绘主要的轮廓线如墙体,然后依次由大到小、由外到里、由整体到局部,绘出所有的轮廓线;

(4) 对图形进行标注并画出其他的符号;

(5) 检查、修正底稿,补全遗漏,擦除多余的底稿线;

(6) 加深图线;

(7) 经过复核,由制图者签字。

建筑施工图识读报告综合实训

一、施工图识读一般知识

1. 建筑工程施工图按照专业分工的不同，可以分为 _____ 、_____ 和 _____ 。

2. 定位轴线采用 _____ 表示，末端用 _____ 画 _____ ，圆的直径为 _____ ，圆心应在 _____ 的延长线上或延长线的折线上，并在圆内注明编号。水平方向编号采用 _____ 从 _____ 到 _____ 顺序编写，竖向编号采用 _____ 从 _____ 到 _____ 顺序编写。拉丁字母 _____ 不得用作轴线号。

3. 标高有 _____ 和 _____ 两种，用来表示建筑物各部位的 _____ 。标高数字以 _____ 为单位，注写到小数点后面第 _____ 位（在总平面图中通常可以注写到小数点后面第 _____ 位）。总平面图中用涂黑的倒三角形符号表示 _____ 。绝对标高：_____ 。相对标高：_____ 。

4. 索引符号是用 _____ 画出来的，圆的直径为 _____ 。详图符号是用 _____ 画出来的，圆的直径为 _____ 。

5. 建筑物的某些部位需要用文字或详图加以说明时，可用引出线（用 _____ 绘制）从该部位引出。引出线用 _____ 方向的直线，或与水平方向成 30°、45°、60°、90° 的直线，或经上述角度再折为水平的折线。

6. 用于多层构造的共同引出线，应通过被引出的多层构造，文字说明可注写在水平线的 _____ ，也可注写在水平线的 _____ 。说明的顺序 _____ ，与被说明的各层要相互一致。若层次为横向排列，则由上至下的说明顺序要与 _____ 的各层相互一致。

7. 如构件的图形为对称图形，绘图时可画对称图形的一半，并用 _____ 画出 _____ ，符号中平行线的长度为 _____ ，平行线的间距宜为 _____ ，平行线在对称线两侧的长度为 _____ 。

8. 一个构配件如果在绘制时位置不够，可以分成几个部分绘制，并用 _____ 表示，用 _____ 表示需要连接的部位，并在其两端靠图样的一侧，用 _____ 表示连接符号，两个被连接的图样，必须用相同的编号。

9. 指北针符号的圆用 _____ 绘制，其直径为 _____ ，指北针尾部的宽度为 _____ ，并在指北针头部注写 _____ 字。

10. 在总平面图中通常用带有指北针的风向频率玫瑰图来表示该地区的常年_____和房屋朝向。风由外面吹过建筑区域中心的方向称为_____,风向频率是在一定的时间内某一方向出现风向的次数占总观察次数的百分比,实线表示_____,虚线表示_____。

二、识读本习题集附图,完成以下识图报告

(一)识读图纸目录与建筑设计总说明

1. 本工程名称为_____工程。本套图纸共包含建筑施工图_____张,其中,总平面图_____张,平面图_____张,立面图_____张,楼梯图纸_____张,详图_____张。

2. 本工程建筑面积为_____。

3. 本工程的结构安全等级为_____级。建筑结构安全等级共分为_____级,其中_____级适用于一般建筑,其建筑设计使用年限为_____。

4. 本工程的结构形式为_____,建筑层数为_____层。

5. 本工程的耐火等级为_____级。建筑物的耐火等级是按照建筑物的主要构件的_____和_____确定的,我国《建筑设计防火规范》(GB 50016—2014)把耐火等级分为_____、_____、_____、_____级,_____级最高,_____级最低。而《建筑设计防火规范》(GB 50016—2014)把高层民用建筑的耐火等级分为_____级。

6. 本工程的抗震设防烈度为_____度。抗震等级是否为6级?_____

7. 本工程屋面防水等级为_____级,防水层合理使用年限为_____年。根据《屋面工程技术规范》(GB 50345—2012),屋面防水等级分为_____级。

8. 本工程的墙体砌筑在±0.000以下采用_____砂浆,±0.000以上则采用_____砂浆。不同墙体材料连接处的粉刷设_____,防止裂缝。

9. 外墙的勒脚高为_____,其做法如下:_____。踢脚线的高度为_____,其做法如下:_____。

10. 楼地面在门洞位置处的具体做法是设置_____宽,长度_____的_____厚_____面层。卫生间楼地面应低于相邻房间_____或做_____。

11. 本工程雨水管直径为_____,外排水管材质为_____,内排水管采用_____,排水口底部端头距散水坡面不大于_____。

12. 本工程预埋木砖及贴邻墙体的木质面均应做_____,露明铁件均应做_____。

13. 本工程的顶棚为_____顶棚。(填直接式或悬吊式)

14. 试绘制本工程楼面的构造层次和地面的构造层次。要求画清各层图例、标清各层材料及做法。

（二）识读"建施03"

1. 本张图纸图名为_____,绘图比例为_____。

2. 本工程±0.000相当于绝对标高_____。

3. 新建建筑物位于小区的_____侧(填方位),靠近_____路。入口处的室外绝对标高为_____m。

4. 新建建筑物与相邻建筑物的楼间距为_____m,距离道路_____m。

5. 本小区北侧的五栋建筑物层数均为_____层,西侧两栋建筑物的层数为_____层,其余的都为_____层。

6. 本小区西北角有一拟拆除建筑物,东南角有一拟建建筑物,请在以下空白处绘出其图例符号。

（三）识读"建施04"

1. 本张图纸的图名为_____,绘图比例为_____。

2. 由图可知,地下室底板的标高为_____。

3. 本工程地下室墙体为_____(填材料),墙体厚度应为_____。

4. 通过此图可以看出地下室的总尺寸为纵向_____m,横向_____m。

5. 地下室窗共有_____扇,其编号为_____,其尺寸为_____,虚线表示此窗为_____。材质为_____。地下室窗的主要作用是_____。

6. 地下室共有_____扇门,其编号为_____,其尺寸为_____,门的类型为_____。

7. 地下室楼梯间的开间为_____,进深为_____。

（四）识读"建施05"

1. 本张图纸的图名为_____,绘图比例为_____。

2. 该建筑物的主入口在_____侧(填东、南、西、北)。

3. 从本平面图可以看出,建筑物的总长为_____,总宽为_____。本层的功能分区为_____。

4. 从本平面图可以看出,建筑物共有柱子_____根。柱子是否以定位轴线为中心线?_____。

5. 看该建筑物的主要入口处,入口处门的开启方式为_____,门的编号为_____,高度_____ m,宽度_____ m。通过此门是否可以进入首层商铺?_____。从此入口向_____走可上楼,上_____步(每踏步宽为_____,高为_____)进入休息平台,然后_____,继续上行至二层楼面。

6. 建筑物北侧的门为_____,编号为_____,共有_____扇。其尺寸是否一样?_____。卷帘门的高度为_____,最中间的一扇宽度为_____。

7. 该建筑物的室内外高差为_____,首层地面的标高为_____,室外地坪的标高为_____,此标高为_____。从室外到室内有_____个台阶。

8. 本工程散水的宽度为_____。此处有一索引符号 $\frac{1}{17}$,表示_____。看图的方向是_____。

9. 4~6 号轴之间有一索引符号 $\frac{2}{17}$,表示_____。看图的方向是_____。

10. 本层有剖面图符号_____,说明后续有_____个剖面图。

(五)识读"建施 06"

1. 本张图纸的图名为_____,绘图比例为_____。

2. 通过观察本层的功能分区,结合底层平面图的指北针,可知建筑物的朝向为_____。

3. 从本层房间的使用功能来看,本层分布有_____等。平面图的轴线编号:横向定位轴线_____,纵向定位轴线_____。从本图可以了解到各房间的开间和进深情况,如:客厅的开间为_____ mm;餐厅的开间为_____ mm;厨房的开间为_____ mm,进深为_____ mm;卫生间的开间为_____ mm,进深为_____ mm。

4. 建筑物墙体的厚度为_____ mm,卫生间及厨房的墙体厚度为_____ mm。

5. 门定位尺寸距轴线_____ mm。

6. 本工程为一梯_____户型,左右是否对称?_____。

7. 本层的标高为_____ m,卫生间、厨房的标高为_____ m。

8. 本层入户门的编号为_____,尺寸为_____×_____,类型为_____。由此门进入_____,客厅与餐厅之间是否有墙体?_____。进入客厅向南走,经过门_____,此门为_____,_____(填类型、尺寸),有一_____,阳台的尺寸为_____×_____,类型为_____阳台(填开放式或封闭式)。

9. 从客厅到卧室,需要经过门_____,此门为_____,尺寸为_____×_____。主卧的开间为_____,进深为_____,主卧室的窗为_____,编号_____,尺寸为_____×_____,材质为_____。次卧的开间为_____,进深为_____。次卧的门与主卧的门是否一样?_____。两卧室之间有一_____,此卫生间的门为_____,尺寸为_____×_____,窗为_____,尺寸为_____×

_____。卫生间的地面与卧室地面高差为_____ mm。

10. 从餐厅到厨房要经过门_____，该门的材料为_____，开启方式为_____，尺寸为_____×_____。

11. 本层建筑物北侧有_____扇窗，它们的高度是否一样？_____。宽度是否一样？_____。

12. 建筑物南侧 4～6 号轴线之间有一_____，上标有一个索引符号 $\dfrac{1}{15}$，表示_____。

（六）识读"建施 07"与"建施 08"

1. "建施 07"的图名为_____，绘图比例为_____。

2. "建施 07"图纸与二层平面图是否一样？_____。区别在哪里？

_____。

3. "建施 08"的图名为_____，绘图比例为_____。

4. 顶层平面的标高为_____ m。从楼梯进门为一_____，厅室南面为一_____，露台的标高与厅室是否一样？_____。

5. 厅室与露台之间有一扇门_____（填编号）和一窗_____（填编号），其尺寸、类型等见门窗表。

6. 顶层平面图是怎么形成的？

（七）识读"建施 09"

1. "建施 09"的图名为_____，绘图比例为_____。

2. 从图纸上看,本工程屋顶形式为_____,其坡度为_____。

3. 从本张图纸可以看出露台的坡度为_____,采用_____坡排水的方式,向_____排水。

4. 本工程的排水方式为_____。排水沟内分水线两侧的坡度为_____。

5. 建筑物周围共有_____根直径为_____的_____（填材料）排水管,屋顶上的雨水流入直径为_____的檐沟向排水管排水。东西两侧的檐沟外边缘距离定位轴线_____。

6. 本张图纸共有_____个索引符号,表示对应的详图可以在相应的图纸上找到。如檐沟的具体做法见_____。

（八）识读"建施10"

1. "建施10"的图名为_____，绘图比例为_____。

2. 建筑立面图的命名方式有两种：有定位轴线的建筑物，宜根据_____编注建筑立面的名称；无定位轴线的建筑物，可按_____确定名称，也可按_____确定名称。本张施工图也可以命名为_____。

3. 从本张图纸上看，窗台距离其楼地面高度为_____。阳台处栏杆的高度与窗台的高度是否相同？_____。从本图中能否读出阳台的栏杆高度？_____。

4. 从本张图纸上看，室外地坪的标高为_____ m。勒脚的高度为_____，采用材料为_____。

5. 本工程外墙贴面采用的是_____，勾缝用的是_____，楼层与楼层之间以及顶层装饰采用的是_____，阳台下方饰面采用的是_____。

6. 本建筑物的底层层高为_____ m，标准层层高均为_____ m，顶层的层高为_____ m，屋顶最高处的标高为_____ m。

（九）识读"建施11""建施12"中的西立面图

1. "建施11"的图名为_____，绘图比例是_____。该图还可以命名为_____。

2. 从本图可以看出外墙贴面采用的是_____，勾缝用的是_____，楼层与楼层之间以及顶层装饰采用的是_____。

3. 建筑物北面的入户门为_____，该门的高度为_____，此数据要从_____中读出。

4. 结合各层平面图，可以知道该立面上共有_____种类型的窗，编号分别为_____和_____，尺寸分别为_____×_____，_____×_____，材质均为_____。

5. 从本立面图中也可以读出屋顶最高处的标高为_____ m，檐口的标高为_____ m，檐口底部的标高为_____ m。

6. 通过识读"建施12"西立面图，建筑物西面墙体的饰面材料与北立面的是否一致？_____。

7. "建施12"西立面图中的窗为位于纵向_____号轴线上的窗_____（填编号），从本图上看，该窗是否为高窗？_____。

（十）识读"建施12"中的剖面图

1. 该图的图名为_____，绘图比例为_____。从图名和平面图对照可知，该图剖切符号位于_____平面图_____轴和_____轴之间，剖切后向_____（填左或右）投影。

2. 本剖面图剖切到的建筑构件有_____的墙体（填轴号）、_____、_____

等。图中剖切到的墙体断面轮廓应用＿＿＿＿＿＿＿绘制,涂黑部分为＿＿＿＿＿＿＿结构。楼梯剖切到首层上行的第＿＿＿＿＿＿＿个梯段。

3. 本建筑物地下室层高为＿＿＿＿＿＿＿ m,首层层高为＿＿＿＿＿＿＿ m,其余各层层高为＿＿＿＿＿＿＿ m。G 轴各梁的高度为＿＿＿＿＿＿＿ mm。

4. 从本图中可以看出,E 轴左边有两条竖线,表示的是＿＿＿＿＿＿＿,编号为＿＿＿＿＿＿＿。画法是否正确? ＿＿＿＿＿＿＿。

5. 从本图中可以看出,第二、三、四层的 E 轴左边均有一扇门,对应平面图中的＿＿＿＿＿＿＿,其编号为＿＿＿＿＿＿＿。

6. 第二、三、四、五层的 E 轴右侧还有被剖切到的墙体,其对应平面图中的＿＿＿＿＿＿＿与＿＿＿＿＿＿＿之间的墙体。第五层墙体的左侧有一条竖线,其表达方式是否正确?＿＿＿＿＿＿＿为什么? ＿＿＿＿＿＿＿＿＿＿＿＿＿＿＿。

7. 本工程是否有楼梯通向屋顶? ＿＿＿＿＿＿＿。屋顶检修通过什么方式? ＿＿＿＿＿＿＿。该屋顶的顶棚做法为＿＿＿＿＿＿＿。

8. 建筑物 G 轴±0.000 处为一＿＿＿＿＿＿＿构造,通过地下室平面图可知该处的窗为＿＿＿＿＿＿＿,材质为＿＿＿＿＿＿＿。通过图纸目录可知,此处构造在后续图纸中是否有详图说明? ＿＿＿＿＿＿＿。

9. 本工程地下室的楼梯有＿＿＿＿＿＿＿个楼梯段,从±0.000 处下行,三个楼梯段的踏步数分别为＿＿＿＿＿＿＿个。从±0.000 处上行,可发现首层有＿＿＿＿＿＿＿个楼梯段,其踏步数分别为＿＿＿＿＿＿＿个。继续上行,每层的楼梯均为＿＿＿＿＿＿＿楼梯,且每个楼梯段的踏步数均为＿＿＿＿＿＿＿个。本张图纸雨篷处的画法是否有需要更改的地方? 请说明:＿＿＿＿＿＿＿＿＿＿＿＿＿＿＿。

(十一) 识读"建施 13"至"建施 16"

1. 本部分图纸为＿＿＿＿＿＿＿,共有＿＿＿＿＿＿＿幅,图名分别为＿＿＿＿＿＿＿、＿＿＿＿＿＿＿、二层楼梯平面图、＿＿＿＿＿＿＿、＿＿＿＿＿＿＿和＿＿＿＿＿＿＿,绘图比例均为＿＿＿＿＿＿＿。

2. 该楼梯的楼梯段是否有梯梁? ＿＿＿＿＿＿＿。该楼梯属于＿＿＿＿＿＿＿,由＿＿＿＿＿＿＿组成,梯段与平台之间由＿＿＿＿＿＿＿支撑。从涂黑的部分可以看出,梯段、平台均为＿＿＿＿＿＿＿构件(填材料)。

3. 从楼梯平面图可知,该楼梯位于建筑物的横向＿＿＿＿＿＿＿、纵向＿＿＿＿＿＿＿轴线间。开间为＿＿＿＿＿＿＿ mm,进深为＿＿＿＿＿＿＿ mm,墙厚为＿＿＿＿＿＿＿ mm。

4. 从平面图可知,各梯段宽为＿＿＿＿＿＿＿ mm,梯井宽为＿＿＿＿＿＿＿ mm;从地下室到顶层休息平台宽有＿＿＿＿＿＿＿等,从数据看出,平台宽＿＿＿＿＿＿＿(填"大于"或"小于")梯段宽,＿＿＿＿＿＿＿(填"满足"或"不满足")《民用建筑设计通则》(GB 50352—2005)等的要求。

5. 本工程地下室的楼梯有＿＿＿＿＿＿＿个楼梯段,从±0.000 处下行,三个楼梯段的踏步数分别为＿＿＿＿＿＿＿个、＿＿＿＿＿＿＿个和＿＿＿＿＿＿＿个。楼梯段长度尺寸分别为＿＿＿＿＿＿＿,

其中 9×280＝2520,表示该楼梯段有_____个踏面,每踏面宽为_____mm。楼梯段竖向尺寸标注在图纸的右侧,分别为_____,即从上到下 20 个踏步高度为_____,4 个踏步高度为_____。

6. 从±0.000 处上行,可发现首层有_____个楼梯段,其踏步数分别为_____个、_____个和_____个。楼梯段长度尺寸分别为_____,楼梯段竖向尺寸标注在图纸的右侧,可见第一个楼梯段中踏步高度为_____mm,其余各个踏步的高度均为_____mm。

7. 从第二层(标高_____m)开始,每层的楼梯均为_____,且每个楼梯段的踏步数均为_____个,梯段长度尺寸为_____,楼梯段竖向尺寸为_____,楼层处平台宽度为_____mm,中间休息平台宽度为_____mm。

8. 该楼梯间窗为_____。

9. 楼梯剖面图为_____,剖切符号绘在_____中,视图方向为从_____向_____看,剖切到首层的第_____个梯段,其他层的第_____个梯段。在剖面图中被剖切到的楼梯段用_____画出,没剖切到的梯段为可见,因此画出其_____。

10. 从剖面图中可见,该建筑物室外地坪标高为_____,室内一楼地面_____m,层高为_____m,二层、三层、四层楼面的标高分别为_____、_____、_____。首层休息平台的标高分别为_____m、_____m,二、三、四层休息平台的标高分别为_____m、_____m、_____m。地下室的标高为_____m,中间休息平台的标高分别为_____m、_____m。

11. 从本剖面图中可见,各平台的平台梁宽为_____,高为_____,地面以上各层平台梁底标高分别为_____、_____。

12. 本张图纸中有一索引符号$\frac{1}{-}$,它表示_____。找到相应的详图后,可见扶手为_____(填材质),扶手高度为_____。

13. 本张图纸中有一个符号②,该符号为_____符号,对应图纸中的_____索引符号。从该详图中可知,楼梯踏步的踏面采用的是_____踏板,踏面比踢面凸出_____mm。所做的防滑处理为10×3凹槽。

14. 如果栏杆扶手处有一索引符号$\frac{9}{16}$98J8,表示栏杆扶手的详图需看_____。

(十二)识读"建施17""建施18"

1. 首先看采光井平面图,图中$\frac{2}{-}$表示_____号详图,绘图在_____图纸中,对应的详图符号为_____,详图比例为_____,通过该构造可以看出,地下室由_____等部分组成,底板比窗台低_____,目的是_____。采光井内是否应设置找坡层? _____。铁算子的尺寸为_____mm×_____mm。

2. 本张图纸中 $\frac{2}{5}$ 符号为_____（填索引符号或详图符号）。"5"表示_____。该室外台阶共_____级,每级踏步踏面宽_____ mm,踢面宽_____ mm,台阶设有一基础,做法为_____。

3. 看散水、地下室防水构造图,本工程散水的坡度为_____%。地下室墙体为_____墙体,防水方式为_____,采用_____法(填外防水或内防水)。为保证防水层充分发挥作用,在防水层外侧设有水泥砂浆保护层和_____,厚_____。保护墙是否应设置通缝?_____。为什么?_____。

4. "建施18"图名为_____,绘图比例均为_____。该墙身详图位于建筑物_____侧(填东、西、南、北)外墙身的节点详图,墙体厚度为_____ mm,每个窗台下部或窗楣板下部均做_____处理,其作用是防止雨水流入墙体。

5. 本工程檐沟做成_____状,檐沟的宽度偏离外墙外边线_____ mm,檐沟底部的标高为_____ m,上表面的标高为_____ m,要了解檐沟更详细的做法,可查看_____。

6. 露台标高低于本层楼面_____ m,并设有_____%坡度向外找坡。

附　图

建筑		电气		
结构		暖通		
给水		其他		

图纸目录

序号	图纸名称	图号	图幅	备注
1	图纸目录	建施00	A4	
2	建筑设计总说明	建施01	A3	
3	建筑设计总说明	建施02	A3	
4	总平面图	建施03	A3	
5	地下室平面图	建施04	A3	
6	底层平面图	建施05	A3	
7	二层平面图	建施06	A3	
8	标准层平面图	建施07	A3	
9	顶层平面图	建施08	A3	
10	屋顶平面图	建施09	A3	
11	南立面图	建施10	A3	
12	北立面图	建施11	A3	
13	西立面图　1—1剖面图	建施12	A3	
14	地下室楼梯平面图　底层楼梯平面图	建施13	A3	
15	二层楼梯平面图　标准层楼梯平面图	建施14	A3	
16	顶层楼梯平面图　雨篷详图	建施15	A3	
17	楼梯间剖面图	建施16	A3	
18	卫生间详图　厨房详图　采光井构造　地下室防水构造　台阶构造	建施17	A3	
19	墙身详图　檐口、露台构造	建施18	A3	

xx市建筑设计院	项目负责人		设　计		工程名称	xx小区1号楼	图号	建施00
	专业负责人		制　图		图　名	图纸目录	日期	2013.06
	审　核		校　对				比例	

建 筑 设 计 总 说 明

一、项目概况
1. 本工程为 ＊＊小区 1 号楼，属钢筋混凝土多层厂房；
2. 本工程总占地面积为 202.77m²，总建筑面积为 1137.39m²；
3. 本楼层数：五层，层高为 16.600m；
4. 本楼机动车停车位，民用建筑工程停车为 50 车，非机动车停车位为 6 位；
5. 本楼耐火等级为二级。

二、设计依据
1. 经建设单位认可的方案设计图；
2. 所依据的主要规范及标准，现行的有关设计规范：
2.1 《民用建筑设计通则》(GB 50352-2005)； 2.2 《建筑设计防火规范》(GB 50016-2014)；
2.3 《中华人民共和国工程建设标准强制性条文》(房屋建筑部分)（2009年版）；
2.4 《高层民用建筑设计防火规范》(JGJ 48-2014)；
2.5 《住宅设计规范》(GB 50096-2011)；
2.6 本楼国家现行有效的所有相关设计规范。

三、标高尺寸
1. 本工程±0.000 标高相当于黄海高程由现场施工时确定；
2. 各层标高为完成面标高（建筑标高），屋面标高为结构标高；
3. 本工程标高及平面尺寸以 (m) 为单位，图中除另注外所注尺寸均以毫米为单位，其他以 (mm) 为单位，其他以现场尺寸为准。

四、工程做法
1. 地下室工程
1.1 地下室采用钢筋混凝土条形基础混凝土墙体； 1.2 地下室采用钢筋混凝土墙体及底板工程处理；
2. 墙体工程
2.1 墙体材料，本楼墙体采用现场砌块材料； 2.2 不同墙体材料连接处必须铺设宽度为 300 金属网片，卧墙架；
2.3 墙体砂浆：本楼墙体采用 M7.5 水泥砂浆，本水泥砂浆 M5 混合砂浆。
3. 楼面工程
3.1 楼梯间及部位加钢筋参一层，所有门口部墙过梁 240 宽，无梁楼板处均设过 20 圈梁及过梁洞，基础钢筋数 1% 数，并整本抹标。
4. 屋面工程
4.1 本楼屋面防水等级为 Ⅲ 级，防水合格使用年限为 10 年。

4.2 屋面做法及屋面做法引见屋面"屋面平面图"，另参照见"屋面详图"详见详图；
4.3 屋面排水坡度屋面平面图； 4.4 屋面坡出屋面平面。
5. 门窗工程
5.1 门窗规格应详细尺寸（建筑构造用凭现场实际尺寸复核)《JGJ113-2015》和建筑安全玻璃规定(〔2003〕2116号及本工程所用规定技术要求；
5.2 门窗玻璃及洞口尺寸，门窗施工尺寸要求及要求及现场复核时确定时以整体；
5.3 门窗五金件，制作时详见要求及各种五金配件；
5.4 门窗玻璃、配色、制作详细要求以详见设计详细；
5.5 所有门窗洞口、窗台2001系列所采用铝合金窗框架内窗 5 层做法；
5.6 外门洞详图各 3 集，厚屋框 3 集，款风挡板不采用 2 集 气窗为 3 集。
6. 楼梯工程
6.1 楼梯参详图种详见"立面" 及构造柱详表；
6.2 楼梯采用现浇楼梯，其踏步、踢脚、栏杆等均施工详细要求。经建净装饰单位确认后，送样板，并制详样；
6.3 楼梯踏步为 450 高，20 厚 1:3 水泥砂浆压光，面层均改换文化层。
7. 楼梯工程
7.1 楼梯工程水布（楼梯栏杆及扶手为参见详表构造）(GB 50222-2017)；本楼各梯水折门及栏杆详表（GB 50037-2013)；
7.2 凡参楼梯间设置栏杆之层，凡部位的栏杆开起踏步数起，本栏栏盖围 1m 本栏间距 1% 坡度款坡坡，右左侧栏整坡踏层面
7.3 楼栏座款扶手栏一道栏整水坡标； 楼栏座款款扶手一道栏整水坡标。
8. 其他及中途工程
8.1 雨水坡，室内装栏、塑钢栏水，各项室外工程室内工程外工程；
8.2 室外栏杆 φ100，栏整室内墙采用 PVC 管，内套室内墙接栏杆，整墙面以水水外出栏，整墙面水出栏栏不小于 20mm，整水墙面水出栏不小于
栏口参外参，本栏参出栏栏为 200mm；
8.3 各款栏款栏栏整栏栏栏整栏款，所有栏栏栏栏整栏整栏整栏栏款栏栏款整栏整栏整栏整栏款栏；
8.4 整栏款栏栏整栏整栏整栏款栏栏整栏整栏整款栏整栏栏栏整栏栏整栏整栏整栏整款；
8.5 整栏整款栏整栏栏整栏栏整栏整款；
8.6 所有栏款栏栏整栏整栏款整栏整栏整栏整栏整栏整栏款，整栏款整栏整栏整款栏整款整栏整栏款整；
8.7 凡图水整栏整栏整栏整栏整栏整款栏整栏整款栏栏整款栏整栏整栏整。

项目负责人		工程名称	xx小区1号楼	图号	建施01
专业负责人				图号	
审核人		图 名	建筑设计总说明	日期	2013.06
设 计				比例	
制 图					
校 对					

xx市建筑设计院

门窗表

类型	设计编号	洞口尺寸(mm)	数量	备注
门	JLM	3195X3300	2	
	JLM	3150X3300	2	
	JLM	3650X3300	1	
	M0821	800X2100	14	夹板门
	M0921	900X2100	18	夹板门
	M1021	1000X2100	9	防盗门
	M1824	1800X2400	1	防盗门
	TLM1821	1800X2100	8	铝合金推拉门
	TLM2421	2400X2100	6	铝合金推拉门
窗	C1218	1200X1800	16	铝合金窗
	C1818	1800X1800	2	铝合金窗
	C2406	2400X600	5	铝合金窗
	C2418	2400X1800	16	铝合金窗
	C2421	2400X2100	2	铝合金窗
凸窗	TC2418	2400X1800	8	铝合金窗
	TC2421	2400X2100	2	铝合金窗

构造做法表

名称	编号	构造做法
墙	内墙 (面砖)	1) 20厚混合砂浆,刮腻子两遍 2) 钢丝网过梁 3) 30厚1:3干硬性水泥砂浆结合层
面	地 (防滑地砖) 表-1	1) 白瓷砖面层 2) 2厚素水泥浆 3) 17厚1:3水泥砂浆找底 (正线用)1:2.5水泥砂浆 4) 钢筋混凝土基层

构造做法表

名称	编号	构造做法
楼 面	表-1 铺地砖 地面	1) 10厚地面砖,稀水泥擦缝 2) 2厚结合砂浆层 3) 20厚1:3水泥砂浆找平层 4) 2厚聚氨酯涂膜,周边翻起300高 5) C20细石混凝土找坡,最薄30厚 6) 0.5厚聚乙烯薄膜一隔离层,其最薄 20厚
面	表-2 地面 地面	1) 20厚地面砖,稀水泥擦缝 2) 稀水泥浆结合层 3) 30厚1:3干硬性水泥砂浆结合层 4) 素水泥浆一道 5) 钢筋混凝土板

构造做法表

名称	编号	构造做法
外 墙	外墙-1 涂料墙面 (从内到外)	1) 专用外墙涂料立面 2) 8厚1:2.5水泥砂浆 3) 12厚1:3水泥砂浆打底 4) 砖墙基层
墙	外墙-2 面砖 墙面 (从内到外)	1) 8厚面砖层,复合专用胶粘剂 2) 9厚1:2.5水泥砂浆结合层 3) 12厚1:3水泥砂浆打底 4) 砖墙基层
屋 面	外墙檐	1) 20厚1:2.5水泥砂浆找平层 2) 2厚APP防水卷材 3) 1:2水泥砂浆找坡层最薄20厚 i=1% 4) 钢筋层
沟	天沟	1) 20厚1:2.5水泥砂浆找平层 2) 30厚聚苯乙烯保温板 3) 2厚APP防水卷材 4) 1:2水泥砂浆找坡层最薄20厚 i=1% 5) 钢筋层
墙 脚 踏	绝缘 踏脚 线	1) 素水泥浆(250X330)两块,干硬底垫层 2) 2厚1:水泥砂浆结合层 3) 17厚1:3水泥砂浆找底 4) 钢筋混凝土板

构造做法表

名称	编号	构造做法
屋 面	屋-1 平屋面	1) 40厚C30地砖钢筋混凝土层 (面配双向φ4@150钢筋网片) 2) 2厚纸筋灰隔离层 3) 40厚聚苯乙烯挤塑聚苯保温层 4) 2厚APP防水卷材 5) 20厚1:3水泥砂浆找平层 6) 1:8水泥珍珠岩找坡2% 最,最薄 30厚 7) 钢筋混凝土屋面板
屋 面	屋-2 坡屋面	1) 青瓦屋面瓦 2) 30X38挂瓦条 3) 30X200@500直板条 4) 20厚1:3水泥砂浆找平层 5) 40厚聚苯乙烯挤塑聚苯保温层 6) 2厚APP防水卷材 7) 20厚1:3水泥砂浆找平层 8) 钢筋混凝土屋面板
踢 脚 线	踢脚 线	1) 120厚美石砖贴面 2) 2厚1:水泥砂浆结合层 3) 17厚1:3水泥砂浆找底 4) 钢筋混凝土板

xx市建筑设计院
项目负责人
专业负责人
审核
设计
制图
校对
工程名称 xx小区1号楼
图 名 建筑设计总说明
图号 建施02
日期 2013.06
比例

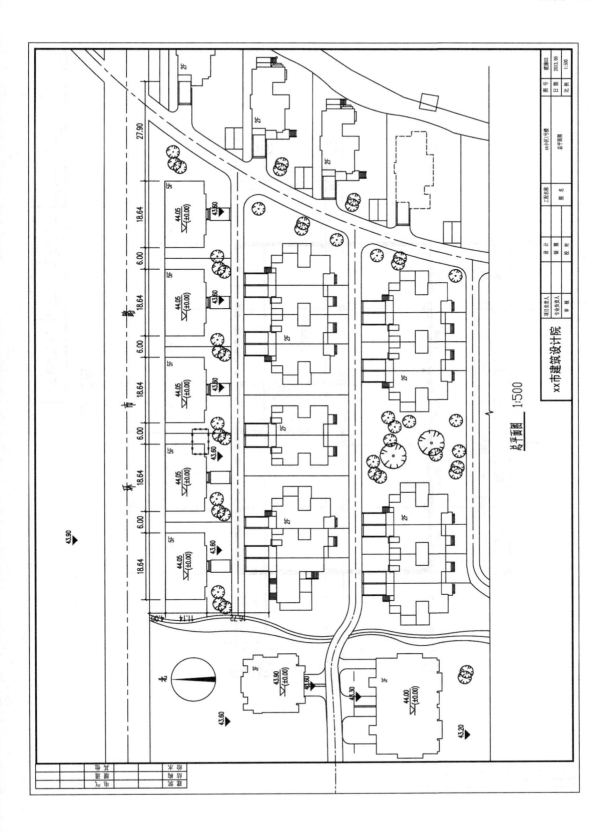

总平面图 1:500

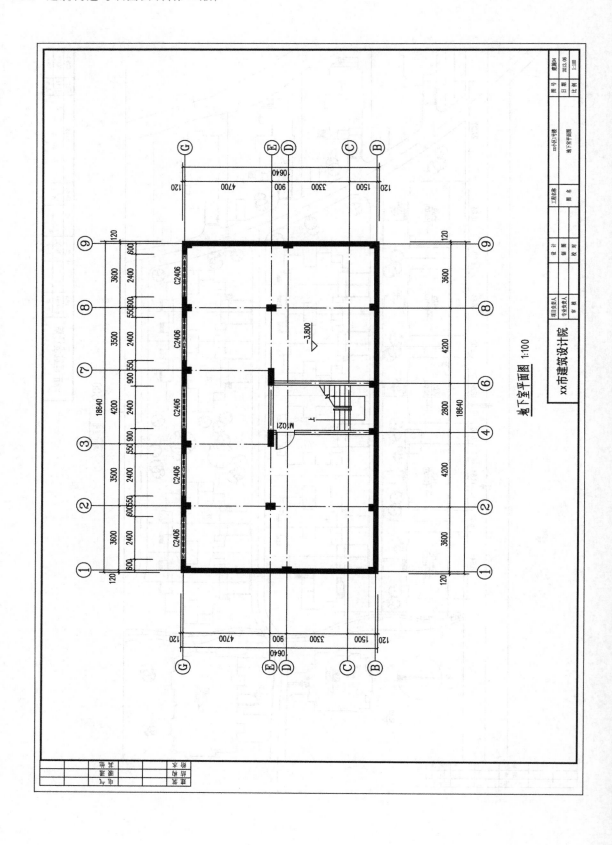

地下室平面图 1:100

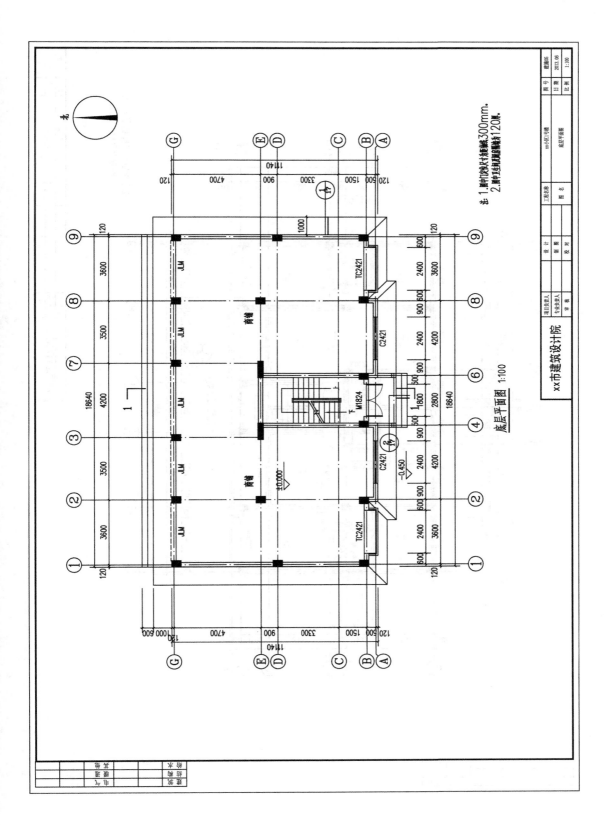

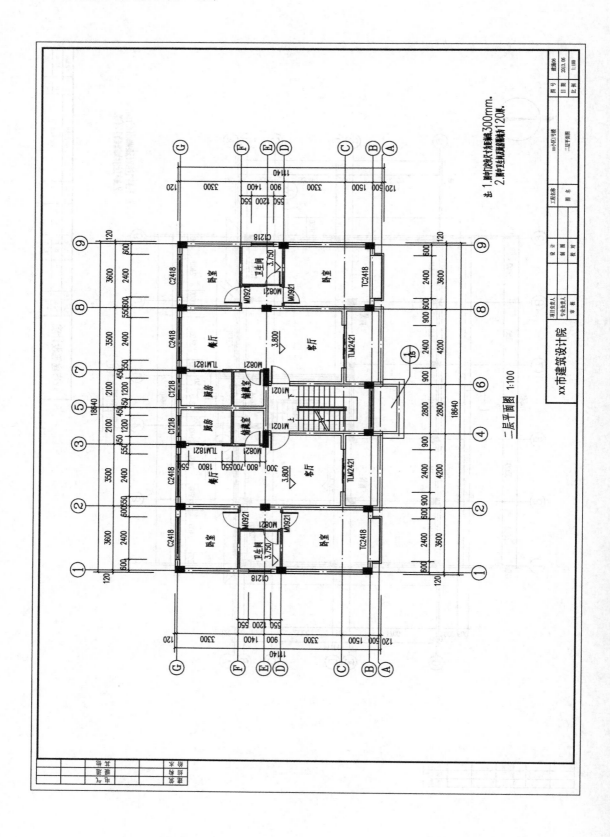

二层平面图 1:100

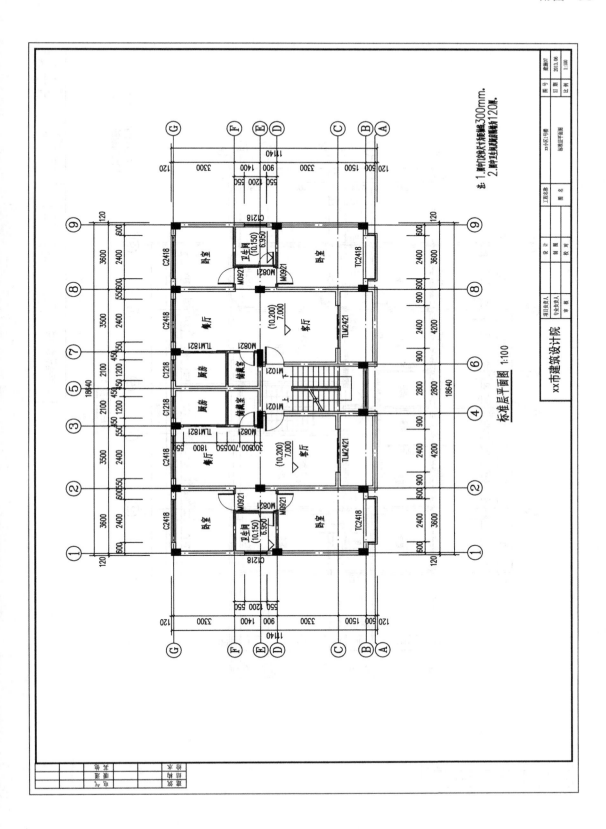

标准层平面图 1:100

注: 1. 室内凸窗凸出墙体尺寸300mm。
2. 空调板凸出墙体120厚。

xx市建筑设计院

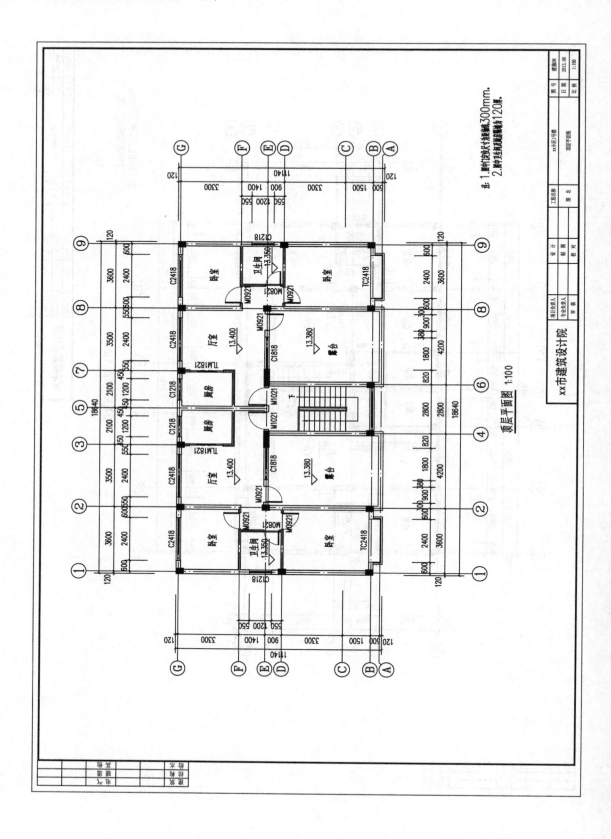

顶层平面图 1:100

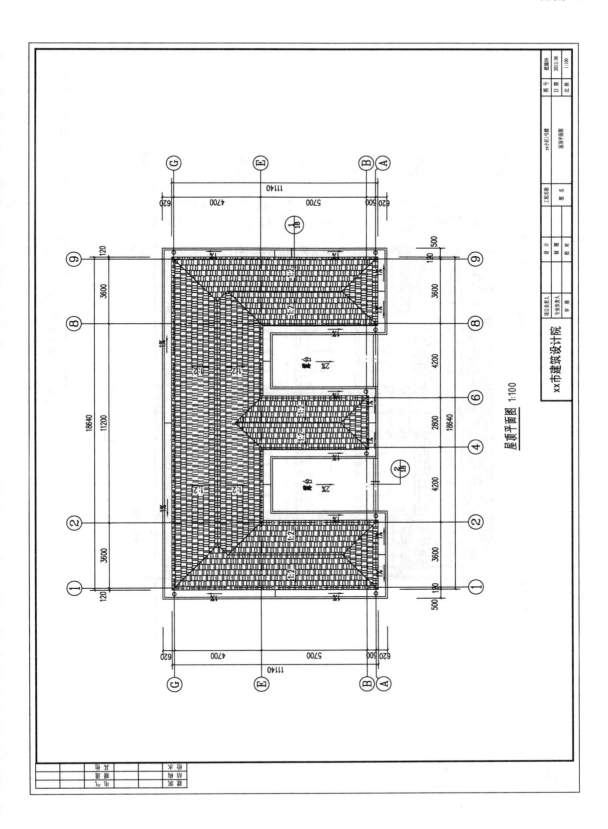

附图 87

屋顶平面图 1:100

xx市建筑设计院

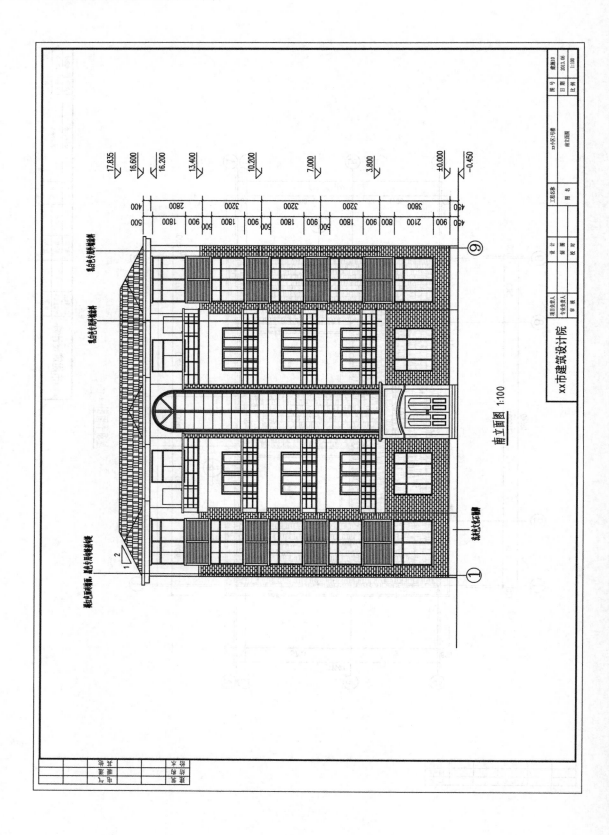

南立面图 1:100

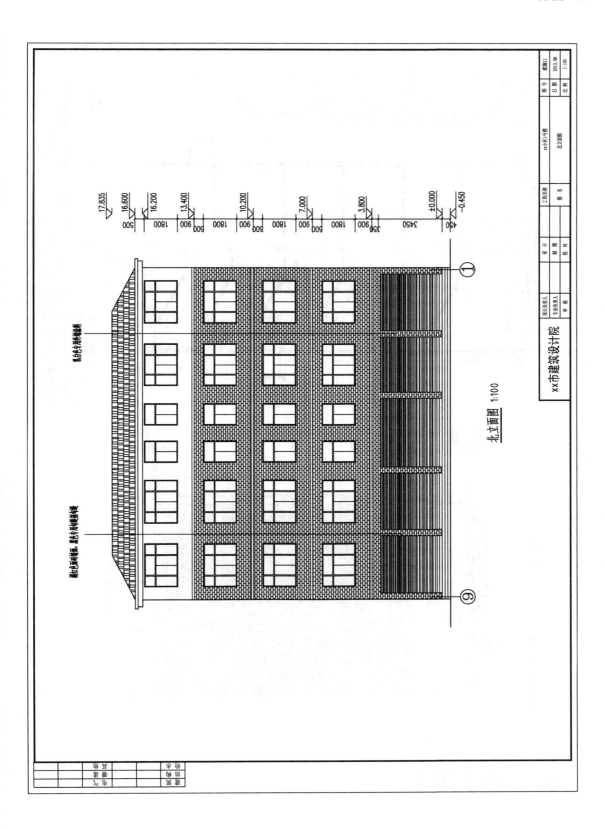

北立面图 1:100

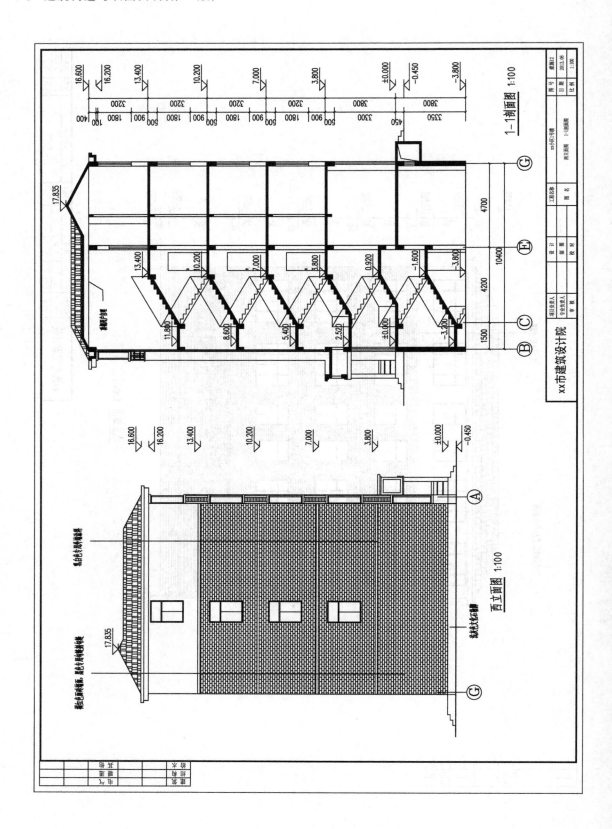

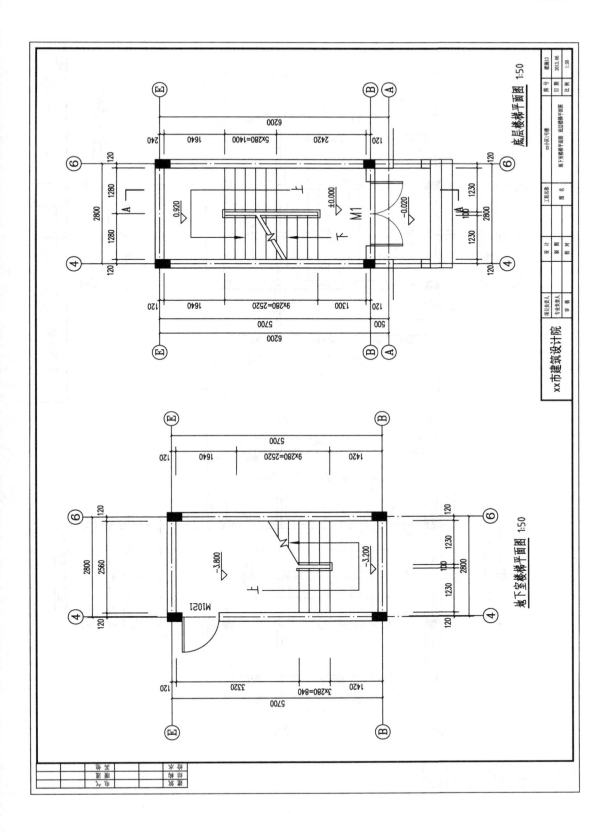

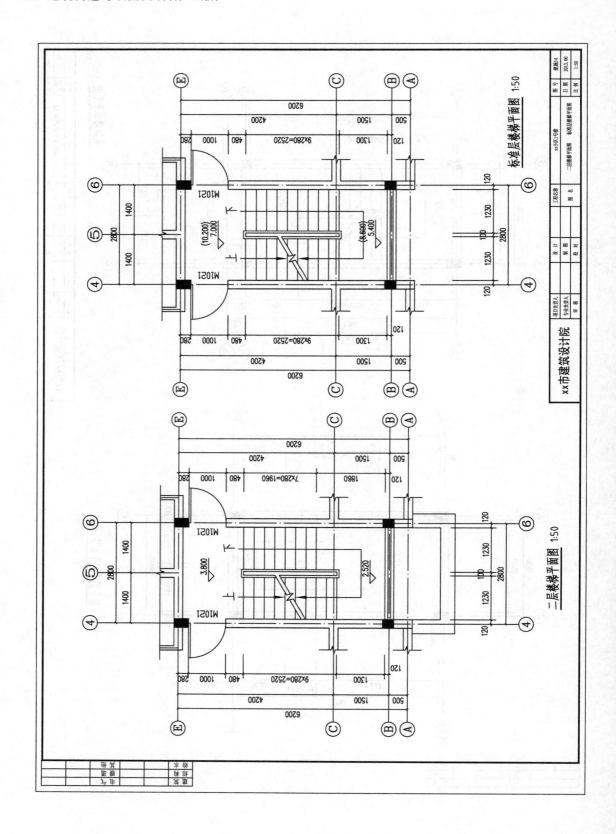

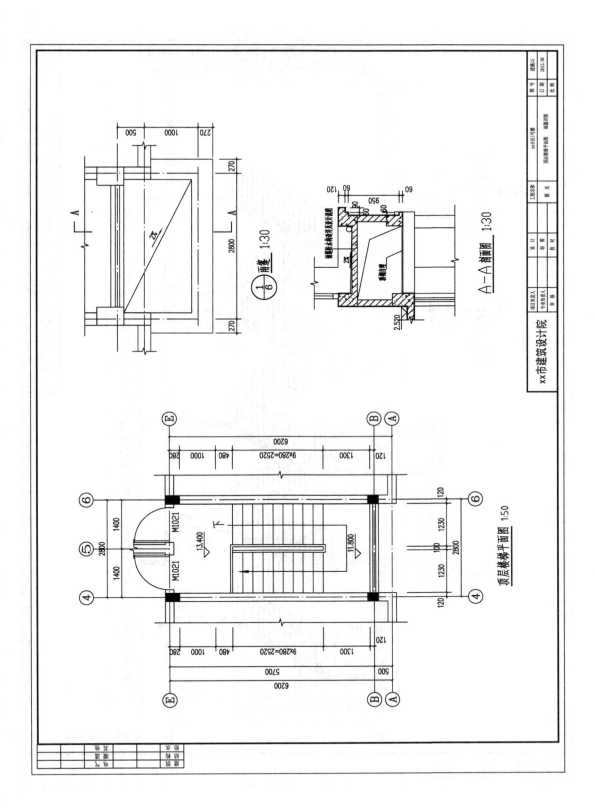

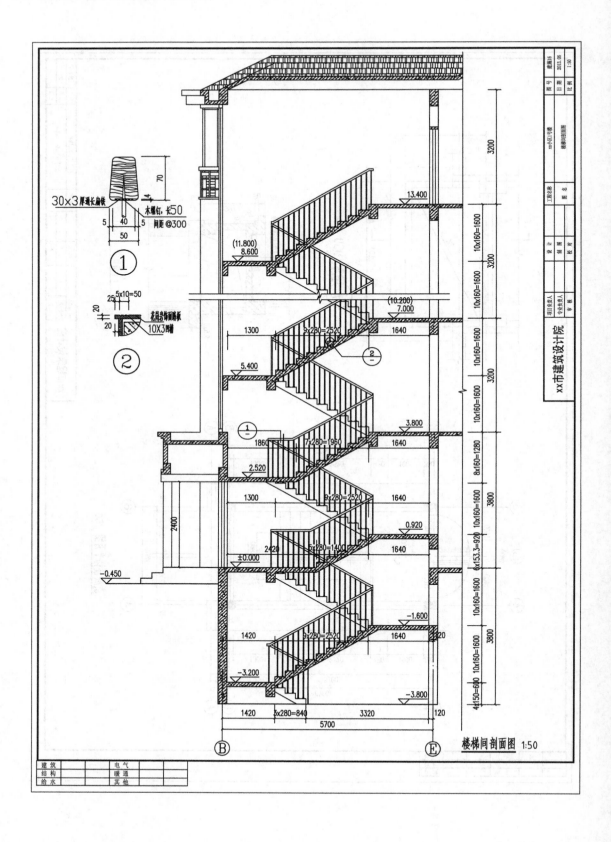

30×3厚通长扁铁

木螺钉,长50
间距 @300

①

花岗岩饰面踏板
10X3扁钢

②

楼梯间剖面图 1:50

建 筑		电 气	
结 构		暖 通	
给 水		其 他	

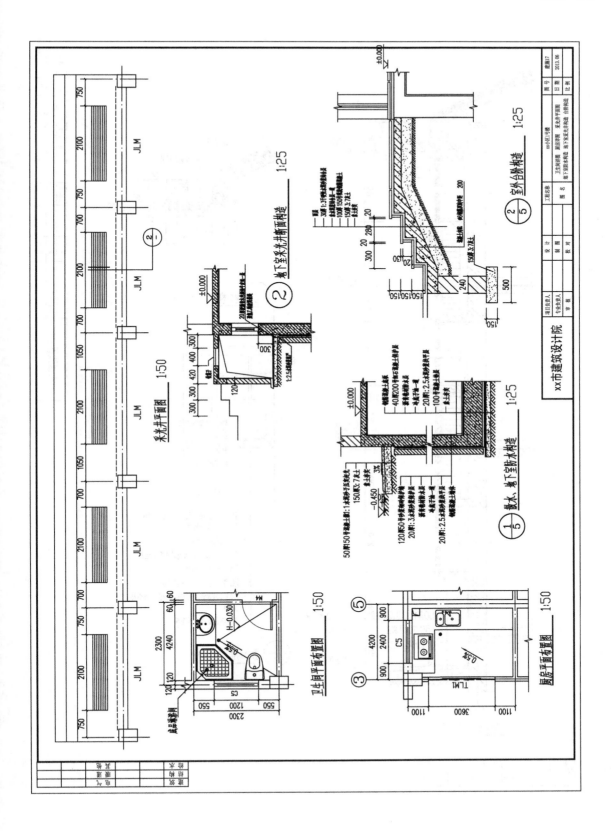

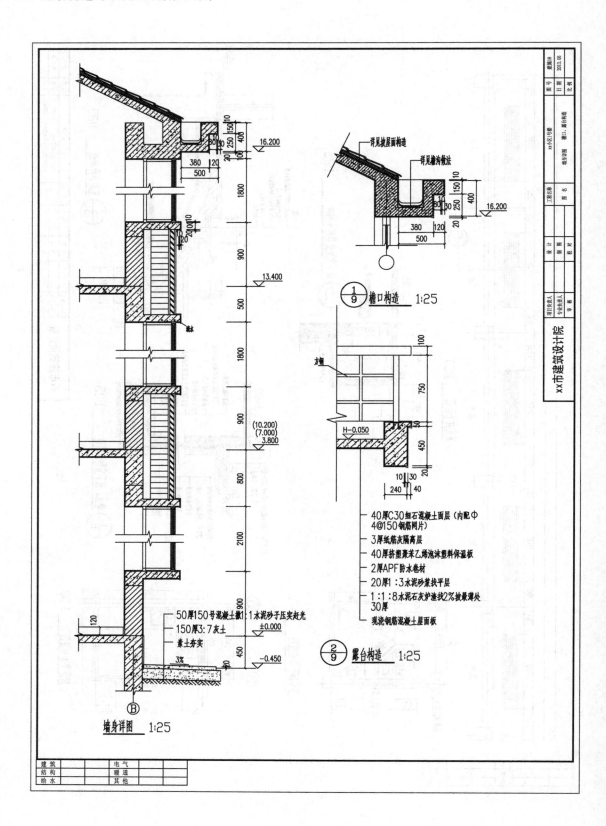

① ⑨ 檐口构造 1:25

② ⑨ 露台构造 1:25

40厚C30细石混凝土面层(内配中4@150钢筋网片)
3厚纸筋灰隔离层
40厚挤塑聚苯乙烯泡沫塑料保温板
2厚APF防水卷材
20厚1:3水泥砂浆找平层
1:1:8水泥石灰炉渣找2%坡最薄处30厚
现浇钢筋混凝土屋面板

50厚150号混凝土撒1:1水泥砂子压实起光
150厚3:7灰土
素土夯实

⑧ 墙身详图 1:25

详见坡屋面构造
详见檐沟做法

方钢

H-0.050

建筑		电气	
结构		暖通	
给水		其他	

xx市建筑设计院

参 考 文 献

[1] 魏艳萍.建筑识图与构造习题集(第二版)[M].北京:中国电力出版社,2014.

[2] 张小平.建筑识图与构造习题集(第二版)[M].武汉:武汉理工大学出版社,2012.

[3] 金梅珍.建筑识图与构造技能训练手册(第二版)[M].北京:人民交通出版社,2016.

[4] 曹雪梅.建筑制图与识图习题册(第二版)[M].北京:北京大学出版社,2017.

[5] 张艳芳.房屋建筑构造与识图习题与实训[M].北京:中国建筑工业出版社,2017.